Universität Stuttgart
Institut für Energieübertragung und Hochspannungstechnik, Band 46

Ursachen und Auswirkungen von Gleichströmen in Drehstromnetzen

Ursachen und Auswirkungen von Gleichströmen in Drehstromnetzen

Von der Fakultät
Informatik, Elektrotechnik und Informationstechnik
der Universität Stuttgart
zur Erlangung der Würde eines Doktor-Ingenieurs (Dr.-Ing.)
genehmigte Abhandlung

Vorgelegt von

Michael Schühle

aus Herrenberg

Hauptberichter: Prof. Dr.-Ing. Stefan Tenbohlen
Mitberichter: Prof. Dr.-Ing. Nejila Parspour
Tag der Prüfung: 01.10.2024

Institut für Energieübertragung und Hochspannungstechnik
der Universität Stuttgart

2025

Bibliografische Information der Deutschen Nationalbibliothek:

Die Deutsche Nationalbibliothek verzeichnet diese Publikation in der Deutschen Nationalbibliografie, detaillierte bibliografische Daten sind im Internet über http://dnb.dnb.de abrufbar.

Universität Stuttgart
Institut für Energieübertragung und Hochspannungstechnik, Band 46

D 93 (Dissertation Universität Stuttgart)

Ursachen und Auswirkungen von Gleichströmen in Drehstromnetzen

Verlag: BoD · Books on Demand GmbH, Überseering 33,

22297 Hamburg, bod@bod.de

Druck: Libri Plureos GmbH, Friedensallee 273, 22763 Hamburg

ISBN: 978-3-8192-4929-7

Kurzfassung

Induktive Betriebsmittel wie Transformatoren, Spulen oder Wandler sind ausschließlich für den Betrieb bei Wechselspannungen geeignet. Durch Störungen oder ungewollte Einflüsse können diese im Netz jedoch mit einem zusätzlichen parasitären Gleichstrom beaufschlagt werden.

Die Arbeit zeigt die Auswirkungen und Folgen, die durch parasitäre Gleichströme in induktiven Betriebsmitteln entstehen. Dabei wird zuerst auf die grundlegende Funktion von induktiven Betriebsmitteln geschaut. Um die Effekte von Gleichstrom in einer Simulation nachbilden zu können, wird in einem ersten Schritt ein Simulationskonzept entwickelt, welches elektrische und magnetische Netzwerke mithilfe des Jiles-Atherton Modells nachbilden kann. Dadurch können alle Effekte des Eisenkerns wie Sättigung und Hysterese, welche für die Auswirkungen von Gleichstrom relevant sind, in der Simulation nachgebildet werden. Das Simulationskonzept ist so flexibel gehalten, dass beliebige induktive Betriebsmittel nachgebildet werden können. Als Simulationsumgebung kommt MATLAB Simulink mit der Simscape-Erweiterung zum Einsatz. Nachdem die prinzipielle Funktionsweise des Simulationskonzeptes anhand eines Laboraufbaus nachgewiesen wurde, wird anschließend der Gleichstromeinfluss auf einen induktiven Stromwandler untersucht. Dieser verfügt über Mess- und Schutzkerne, welche sich hinsichtlich ihrer Gleichstrombeeinflussung deutlich unterscheiden.

Um Gleichströme in Übertragungsnetzen messen und identifizieren zu können, wird ein Messsystem entwickelt, mit dem Gleichströme an geerdeten Sternpunkten von Transformatoren gemessen werden können. Durch die kurzschlussfeste Auslegung bis $15\,kA$ stellt der Einsatz des Messgerätes kein Sicherheitsrisiko für den stabilen Netzbetrieb dar. Das Messsystem kann neben Gleichstrom auch Wechselstromanteile bis $3{,}75\,kHz$ messen. Der kombinierte Messbereich beträgt $85\,A$, welche mit einer Diskretisierung von 24 Bit aufgelöst werden.

Die stärkste, jedoch nur kurzzeitig auftretende Gleichstrombeeinflussung wird durch geomagnetisch induzierte Ströme (GIC) hervorgerufen. Die Arbeit zeigt die Weiterentwicklung eines Berechnungsmodells für diese GIC-Ströme. Dabei werden Messdaten von verteilten Erdmagnetfeld Messstationen und ein globales Leitfähigkeitsmodell verwendet, um anhand eines ausgewählten Netzausschnittes die GIC-Ströme zu berechnen. Mit den historischen Daten der Magnetfeld-Messstationen können besonders starke Ereignisse berechnet werden, um eine Worst-Case Abschätzung für die Gleichstrombelastung durch GIC-Ströme zu erhalten.

Abstract

Inductive equipment such as power transformers, shunt reactors or current transformers are only suitable for operation at alternating voltages. Due to disturbances or unwanted influences, they can be subjected to an additional parasitic direct current in the network.

The contribution shows the effects and consequences caused by parasitic direct currents in inductive equipment. First, the basic function of inductive equipment is discussed. To simulate the effects of DC, a simulation concept is developed in a first step, which can simulate electrical and magnetic networks using the Jiles-Atherton model. Thus, all effects of the iron core, such as saturation and hysteresis, which are relevant for the effects of direct current, can be reproduced in the simulation. The simulation concept is kept flexible so that any inductive equipment can be simulated. MATLAB Simulink with the Simscape extension is used as the simulation environment. After the basic functionality of the simulation concept has been demonstrated by means of a laboratory setup, the direct current influence on an inductive current transformer is then investigated. This has measuring and protection cores, which differ significantly in terms of their DC current influence.

To be able to measure and identify DC currents in transmission networks, a measuring system is developed which can be used to measure DC currents at grounded neutral of transformers. Due to the short-circuit-proof design up to 15 kA, the use of the measuring device does not represent a safety risk for stable network operation. In addition to direct current, the measuring system can also measure alternating current components up to 3.75 kHz. The combined measuring range is 85 A which are resolved with a discretization of 24 bit.

The strongest, but only short time occurring direct current influence is caused by geomagnetically induced currents (GIC). The work shows the further development of a computational model for these GIC currents. Here, measured data from distributed geomagnetic field measurement stations and a global conductivity model are used to calculate GIC currents based on a selected network section. Using the historical data from the magnetic field measurement stations, particularly strong events can be calculated to provide a worst-case estimate for DC exposure to GIC currents.

Inhaltsverzeichnis

Abkürzungsverzeichnis

AC	Wechselstrom engl.: alternating current
GIC	Geomagnetisch induzierte Ströme engl.: geomagnetic induced currents
GMD	Geomagnetischer Sturm engl.: geomagnetic disturbances
DC	Gleichstrom engl.: direct current
AD	Analog-Digital
ppm	Anteile pro Million engl.: points per million
CME	Koronalen Masseauswürfen engl.: coronal mass ejection
NOAA	Behörde für Wetter- und Ozeanografie der Vereinigten Staaten engl.: National Oceanic and Atmospheric Administration
HGÜ HVDC	Hochspannungs-Gleichstrom-Übertragung engl.: high voltage direct current
DMR	Dedizierter metallischer Rückleiter engl.: dedicated metallic return
JA	Jiles-Atherton

Symbolverzeichnis

Symbol	Beschreibung	Einheit
I	Effektivwert des Stromes	A
$i(t)$	Zeitsignal des Stromes	A
U	Effektivwert der Spannung	V
$u(t)$	Zeitsignal der Spannung	V
$\vec{E}$	Elektrische Feldstärke	$\frac{V}{m}$
$\vec{D}$	Elektrische Flussdichte	$\frac{As}{m^2}$
$\vec{H}$	Magnetische Feldstärke	$\frac{A}{m}$
$\vec{B}$	Magnetische Flussdichte	T
$\vec{\varphi}$	Magnetischer Fluss	Wb
Z_{GND}	Impedanz einer Erdschicht	Ω
Z_{eff}	Effektive Erdimpedanz auf der Erdoberfläche	Ω

1   Einleitung

Das Auftreten von Gleichströmen in Wechselspannungsnetzen stellt für deren Betriebsmittel eine Anomalie dar. Gleichströme können weder durch konventionelle Generatoren erzeugt noch durch Transformatoren zwischen Spannungsebenen übertragen werden. Gleichströme wirken daher direkt auf die betroffene Spannungsebene ein. Die unterschiedlichen Ursachen und Umstände, die zu parasitären Gleichströmen in Hoch- und Höchstspannungsnetzen führen, unterscheiden sich hinsichtlich ihrer Einkopplung, Intensität und Dauer. Neben Ursachen durch technische Anlagen kommt es auch zu kosmischen Einflüssen, welche durch die Sonne hervorgerufen werden.

Die Auswirkungen von Gleichströmen zeigen sich hauptsächlich in induktiven Betriebsmitteln wie Transformatoren, Spulen und Wandlern. Durch den Gleichstrom kommt es in deren Eisenkernen zur Sättigung, welche das Betriebsverhalten beeinflusst. Zu den deutlichsten Effekten gehören bei Transformatoren und Spulen die Zunahme der Vibrationen im Kern und die damit verbundenen Geräusche. Besonders kleine Gleichströme von wenigen Ampere haben hier oft eine im Verhältnis große Auswirkung. Die Geräuschemissionen von solchen DC belasteten Betriebsmitteln können dadurch schnell die zulässigen Grenzwerte übersteigen, was weitere Maßnahmen erforderlich macht.

Neben den mechanischen Auswirkungen kommt es durch die Sättigung im Kern auch zu steigenden Verlusten. Diese treten sowohl im Kern selbst, als auch in den Wicklungen und strukturellen Elementen der Transformatoren und Spulen auf. Bei extremen Gleichstrombelastungen können sich dadurch Hotspots bilden, die die Isolation des Betriebsmittels schneller altern lassen oder sogar beschädigen, was dessen Ausfall zur Folge hätte.

Bei der Beeinflussung von Mess- und Schutzwandlern durch Gleichstrom liegt der Fokus auf der Einhaltung von vorgegebenen Grenzwerten für die Messgenauigkeit und das transiente Verhalten. Durch eine Verletzung dieser Grenzwerte können Toleranzen von angeschlossenen Messgeräten und Schutzgeräten evtl. überschritten werden und zu falschen Ergebnissen oder fehlerhaften Schutzauslösungen führen, was im schlimmsten Fall großflächige Auswirkungen zur Folge hätte.

Die Relevanz der angesprochenen Probleme und Gefahren nimmt zu, da moderne Eisenbleche für Kerne, welche für minimale Verluste optimiert sind, deutlich sensibler auf Gleichströme reagieren, als dies noch vor 30-50 Jahren der Fall war. Dadurch können auch bisher unbedeutende Gleichströme durch den Einsatz neuer Betriebsmittel zu signifikanten Störquellen werden. Zudem ermöglicht moderne Leistungselektronik immer neue Anwendungen für Gleichspannungsanlagen wie z.B.

Hochspannungsgleichstromübertragungen (HGÜ) oder Korrosionsschutzanlagen. Diese können entweder bewusst, im Fehlerfall oder parasitär Gleichströme im Erdreich erzeugen, welche dann durch geerdete Betriebsmittel in Übertragungsnetze fließen.

1.1   Thema und Zielsetzung

Die Arbeit soll einen Überblick über mögliche Ursachen[1] und Auswirkungen von Gleichströmen in Drehstromnetzen zeigen.

In einer grundlegenden Betrachtung soll zunächst analysiert werden, welche Auswirkungen Gleichströme auf induktive Betriebsmittel haben.

Im nächsten Schritt soll untersucht werden, inwiefern es möglich ist, Sättigungseffekte auf einen Eisenkern zu simulieren, sodass die elektrischen Eigenschaften bei Gleichstrombeeinflussung nachgebildet werden können. Der Aufbau der Simulation soll sich möglichst nahe an den physikalischen Zusammenhängen und dem strukturellen Aufbau der Betriebsmittel orientieren. Dadurch soll es möglich sein mit den entwickelten Komponenten beliebige induktive Komponenten (Transformatoren, Stromwandler, …) nachbilden und hinsichtlich ihrer DC-Beeinflussung untersuchen zu können.

Um reale DC-Ströme in Übertragungsnetzen und Hochspannungskomponenten (Transformatoren) betrachten und analysieren zu können soll ein Messgerät entwickelt werden, mit dem es möglich ist, diese unkompliziert zu messen. Das Messgerät muss hierfür neben einer sehr guten Messgenauigkeit auch den weiterhin sicheren Betrieb des Betriebsmittels hinsichtlich Kurzschlussfestigkeit gewährleisten.

Die durch die Messung gewonnenen Daten sollen anschließen analysiert werden. Durch die Modifikation eines bereits bestehenden Simulationsmodells [1] [2] [3] soll untersucht werde, inwiefern sich die gemessenen DC-Ströme auf GIC-Ströme zurückführen lassen.

---

[1] Die Begriffe Ursache und Quelle für Gleichströme werden in dieser Arbeit synonym benutzt.

1.2   Struktur der Arbeit

Die Arbeit gliedert sich in die folgenden Abschnitte:

- Kapitel 2 behandelt die Grundlagen induktiver Betriebsmittel wie Transformatoren und Wandler und erklärt die für diese Arbeit relevanten Eigenschaften von Eisenkernen.
- Kapitel 3 beschreibt die Auswirkungen und Effekte, die in induktiven Betriebsmitteln durch überlagerte Gleichströme entstehen. Zusätzlich werden verschiedene Ursachen für Gleichströme erläutert.
- Kapitel 4 zeigt die Entwicklung eines transienten Simulationsmodels für induktive Betriebsmittel in MATLAB Simulink. Die Modelle für Transformatoren und Wandler basieren auf der physischen Topologie (Eisenkern, Windungen, Luftspalte, Streuflusspfade, …) und werden nicht durch Ersatzschaltungen nachgebildet.
- Kapitel 5 zeigt die Untersuchung des Einflusses von Gleichstrom auf induktive Strom- und Spannungswandler. Es werden Mess- und Schutzwandler unterschiedlicher Klassen hinsichtlich ihrer spezifizierten Toleranzen und Messwertabweichungen untersucht.
- Kapitel 6 zeigt die Möglichkeiten Gleichströme in Übertragungsnetzen zu messen und GIC-basierte Gleichströme anhand von Magnetfelddaten zu berechnen.
- Kapitel 7 fasst die behandelten Kapitel zusammen und gibt einen Ausblick auf weitere Fragen und deren mögliche Herangehensweisen.

2   Grundlagen

Die nachfolgenden Unterkapitel beschreiben die Funktionsweise induktiver Betriebsmittel wie Transformatoren, Spulen (Drosseln) und Wandlern. Dabei wird neben den physikalischen Prinzipien auch auf die Auswirkungen von Gleichstrom auf diese Betriebsmittel eingegangen. Die Ursachen und Quellen solcher Gleichströme unterscheiden sich hinsichtlich ihrer Entstehung, Einkopplung und Verteilung in Übertragungsnetzen.

2.1   Induktive Betriebsmittel

Induktive Betriebsmittel funktionieren nach dem Prinzip des Induktions- und Durchflutungsgesetzes, welche Teile der Maxwell-Gleichungen sind. [4]

Induktionsgesetz in differentieller und integraler Form:

$$\text{rot } \vec{E} = -\frac{\partial \vec{B}}{\partial t} \tag{2-1}$$

$$\oint_{\partial A} \vec{E} \cdot \mathrm{d}\vec{s} = -\iint_A \frac{\partial \vec{B}}{\partial t} \cdot \mathrm{d}\vec{A} \tag{2-2}$$

Durchflutungsgesetz in differentieller und integraler Form:

$$\text{rot } \vec{H} = \vec{J} = \vec{J_l} + \vec{J_v} = \vec{J_l} + \frac{\partial \vec{D}}{\partial t} \tag{2-3}$$

$$\oint_{\partial A} \vec{H} \cdot \mathrm{d}\vec{s} = \iint_A \left(\vec{J_l} + \frac{\partial \vec{D}}{\partial t} \right) \cdot \mathrm{d}\vec{A} \tag{2-4}$$

Mit: $\vec{J_l}$ Leitungsstromdichte $\dfrac{A}{m^2}$

                $\vec{J_v}$ Verschiebungsstromdichte $\dfrac{A}{m^2}$

Ein Strom in einem Leiter erzeugt entsprechend dem Durchflutungsgesetz ein um den Leiter rotierendes Magnetfeld. Durch die Anordnung des Leiters als Leiterschleife mit mehreren Windungen erhält man eine Wicklung, die das magnetische Feld axial zur

Wicklung orientiert. Entlang des magnetischen Feldes entsteht ein magnetischer Fluss $\vec{\Phi}$ und die auf die Fläche normierte magnetische Flussdichte $\vec{B}$. Das magnetische Feld ist über die magnetische Feldkonstante und die materialabhängige Permeabilitätszahl mit der magnetischen Flussdichte verknüpft. [4]

$$\vec{B} = \mu \cdot \vec{H} = \mu_0 \cdot \mu_r \cdot \vec{H} \qquad\qquad (2\text{-}5)$$

Mit: μ_0 Magnetische Feldkonstante $\dfrac{N}{A^2}$

          $= 4\pi \cdot 10^{-7}$

       μ_r Permeabilitätszahl

<u>Magnetische Materialien:</u>

Alle Materialien lassen sich hinsichtlich ihrer Permeabilitätszahl grob in drei Gruppen einteilen: diamagnetisch, paramagnetisch und ferromagnetisch. Vakuum mit $\mu_r = 1$ bildet die Grenze zwischen dia- und paramagnetischen Materialien. Eisenkerne, wie sie in induktiven Wechselspannungsbetriebsmitteln zum Einsatz kommen, gehören zu den ferromagnetischen Materialien.

Eine wichtige Eigenschaft von Eisenkernen ist ihr anisotropes Verhalten. Das bedeutet, dass das Material je nach Richtung des magnetischen Flusses eine andere Permeabilität aufweist.

Eine weitere Eigenschaft ferromagnetischer Materialien ist die Sättigung der magnetischen Flussdichte. Die Permeabilitätszahl kann daher für kleine Flussdichten als konstant angenommen werden. Allgemein betrachtet ist die Permeabilitätszahl von der magnetischen Flussdichte und der magnetischen Polarisation abhängig.

2.1.1 Transformatoren

Um in Stromnetzen eine möglichst verlustarme Energieübertragung vom Erzeuger bis zum Verbraucher zu erreichen, werden die zur Übertragung eingesetzten Spannungen mittels Transformatoren erhöht. Nach der Übertragung auf eine erhöhte Spannungsebene werden die Spannungen anschließend in mehreren Schritten wieder auf niedrigere Spannungsebenen transformiert.

2.1.2   Idealer Transformator

Das Modell des idealen Transformators reduziert den Transformator auf zwei galvanisch entkoppelte Wicklungen (Abbildung 2-1). Mit den Gleichungen (2-6) und (2-7) lassen sich die Zusammenhänge zwischen den Strömen und Spannungen anhand der Windungszahlen N_1 und N_2 beschreiben.

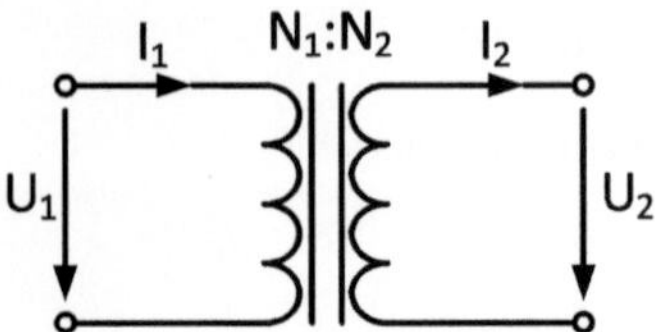

Abbildung 2-1: Ersatzschaltbild eines idealen Transformators

$$U_1 = \frac{N_1}{N_2} \cdot U_2 \qquad\qquad (2\text{-}6)$$

$$I_1 = \frac{N_2}{N_1} \cdot I_2 \qquad\qquad (2\text{-}7)$$

Abbildung 2-2 zeigt die Skizze eines einphasigen Transformators mit Eisenkern und magnetischem Fluss ϕ_m im Leerlauf. Die Wicklung N_1 wird mit einer Wechselspannungs U_1 angeregt und nimmt einen Strom I_1 auf. Der sich einstellende Fluss beschränkt sich ausschließlich auf den Kern. Bei der Betrachtung als idealer Transformator kommt es zu keinen Streuflüssen und keinen Verlusten im Eisenkern.

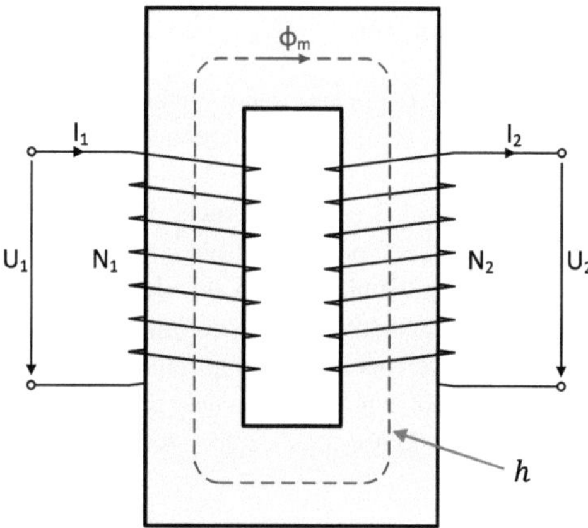

Abbildung 2-2: Einphasiger Transformator

Der sich im Eisenkern einstellende Fluss ϕ_m ergibt sich durch Integration der Spannung U_1 und Normierung auf die Windungszahl N_1 (siehe Gl. (2-8)). Die Spannung an der erregten Wicklung gilt dabei als fest eingeprägt.

$$\phi(t) = \frac{1}{N} \int U(t) \cdot dt \tag{2-8}$$

$$H(t) = \frac{\Theta(t)}{h} \tag{2-9}$$

$$h = \text{mittlere Eisenweglänge} \tag{2-10}$$

$$\Theta(t) = N \cdot I(t) \tag{2-11}$$

Durch den Strom in einer Wicklung entsteht in dieser eine Durchflutung Θ bzw. ein magnetisches Feld H in Abhängigkeit der mittleren Eisenweglänge h, siehe Gleichungen (2-9) bis (2-11). Dieses Durchflutung wirkt als Quelle für den sich einstellenden magnetischen Fluss. Die Stromstärke durch die Wicklung richtet sich hierbei nach den Windungen N und der Durchflutung, welche nötig ist, um die erforderliche magnetische Flussdichte zu erreichen, welche durch die angelegte Spannung definiert ist.

2.1.3   Realer Transformator

Um der Beschreibung eines realen Transformators näher zu kommen, müssen dessen Verluste und Wirkungsgrad in die Betrachtung aufgenommen werden. Diese setzen sich hauptsächlich aus den Verlusten des magnetischen Kreises, den Eisenverlusten und den Stromwärmeverlusten zusammen [5]. Bei der Nachbildung des realen magnetischen Kreises müssen auch Flusspfade außerhalb des Eisenkerns berücksichtigt werden. Diese werden als Streupfade bezeichnet. Abbildung 2-3 skizziert den Einphasentransformator mit Streupfaden. Aufgrund der geometrischen Anordnung der Wicklungen existieren Streupfade, welche sich nicht durch beide Wicklung schließen (Φ_{L1} und Φ_{L2}). Der Fluss über diese Streupfade trägt nicht zur magnetischen Kopplung zwischen Ober- und Unterspannungsseite bei und führt zu einem reduzierten Wirkungsgrad des Transformators.

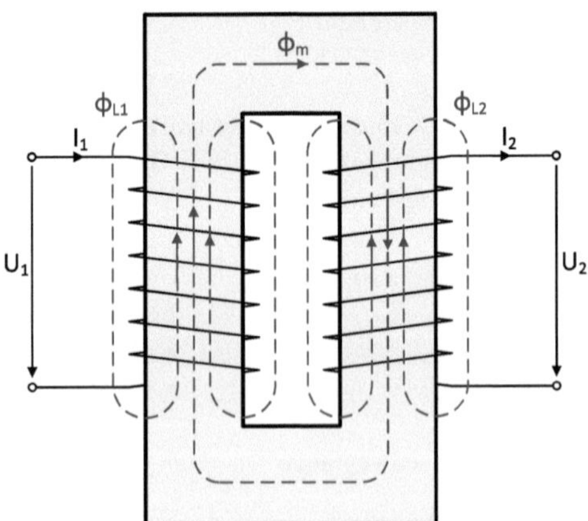

Abbildung 2-3: Einphasiger Transformator mit Streuflüssen

Die Eisenverluste im Kern eines Transformators sind lastunabhängig und treten auch im Leerlauf auf. Dem entgegengesetzt sind die ohmschen Verluste in den Wicklungen. Diese steigen entsprechend dem Ohm'schen Gesetz quadratisch mit dem Strom an.

Die Eisenverluste lassen sich in Wirbelstrom- und Hystereseverluste unterteilen [6]. Generell weist jedes magnetisierbare Material diese Verluste auf, wenn es sich in einem Wechselfeld befindet. Die Wirbelstromverluste hängen dabei vom Aufbau des Kerns ab. Generell setzt sich ein Kern aus vielen dünnen Lagen Elektroblech zusammen, die übereinandergestapelt werden. Die Lagen sind gegeneinander isoliert, um keine großen Maschen zu bilden. Je dünner die einzelnen Lagen des Kerns sind, desto geringer sind die sich bildenden Maschen für die Wirbelströme. Die Hystereseverluste sind hingegen von den Materialeigenschaften des verwendeten Elektroblechs abhängig. Moderne Elektrobleche bestehen zu etwa 4-5% aus Silizium und werden in einem Kaltwalzverfahren hergestellt [5]. Die dadurch entstehende gute Magnetisierbarkeit ist jedoch anisotrop, besitzt also eine Vorzugsrichtung. Wird das Blech quer zur Walzrichtung magnetisiert, steigen die Hystereseverluste schnell an. Abbildung 2-4 links zeigt die Hystereseverluste in W/kg in Abhängigkeit der Flussdichte. Dabei ist deutlich zu erkennen, dass bei gleichem Fluss das kaltgewalzte Blech (b) nur ca. 55% der Verlustleistung gegenüber dem warmgewalzten Blech (a) erzeugt. Bei einer Durchflutung quer zur Walzrichtung steigen die Verluste im kaltgewalzten Blech (c) jedoch über die des warmgewalzten Blechs.

Abbildung 2-4 rechts zeigt einen Vergleich der Magnetisierungskurven für die unterschiedlichen Walzarten und Walzrichtungen. Elektroblech, welches in Längsrichtung kaltgewalzt wird und die niedrigsten Verluste aufweist, zeigt in Abbildung 2-4 rechts die steilste Magnetisierungskennlinie und kann zudem noch eine deutlich größere magnetische Flussdichte B aufnehmen als Elektrobleche, welche warm oder quer gewalzt werden.

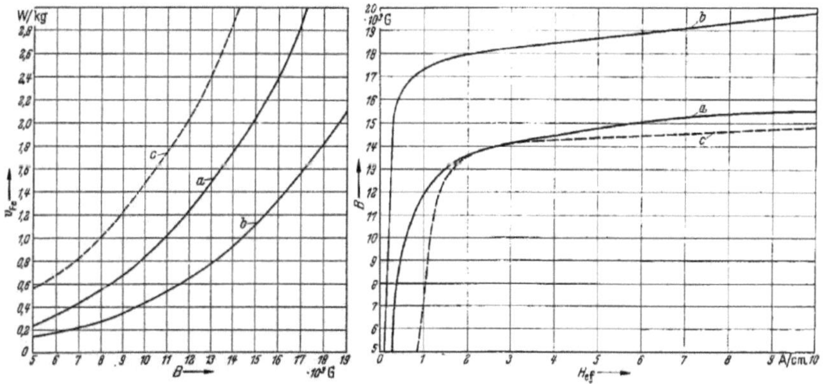

Abbildung 2-4: Auswirkungen der Walzart und -richtung von Elektroblech
a) warmgewalzt längs b) kaltgewalzt längs c) kaltgewalzt quer
links: Verlustkurven von Elektroblech pro kg [6]
rechts: Magnetisierungskurven [5]

Die Stromwärmeverluste der Wicklung ergeben sich aus den Ohm'schen Widerständen jeder Wicklung nach Gleichung (2-12) in Abhängigkeit vom fließenden Strom.

$$P = R_{Cu} \cdot I^2 \tag{2-12}$$

Abbildung 2-5 zeigt das vollständige Ersatzschaltbild eines Transformators wie es oft in der Literatur zu finden ist. Die Widerstände R_1 und R_2 entsprechen dabei den primär- und sekundärseitigen Wicklungswiderständen. Der Strom I_0 entspricht in dieser Abbildung dem Leerlaufstrom des Transformators und lässt sich in eine induktive Komponente I_m und eine ohmsche Komponente I_c aufteilen. Die Streuflüsse der Windungen, wie in Abbildung 2-3 skizziert, bewirken eine Reduzierung der übertragenen Spannung. Dieser Spannungsabfall wird über die in Reihe geschalteten Reaktanzen X_{L1} und X_{L2} erzeugt.

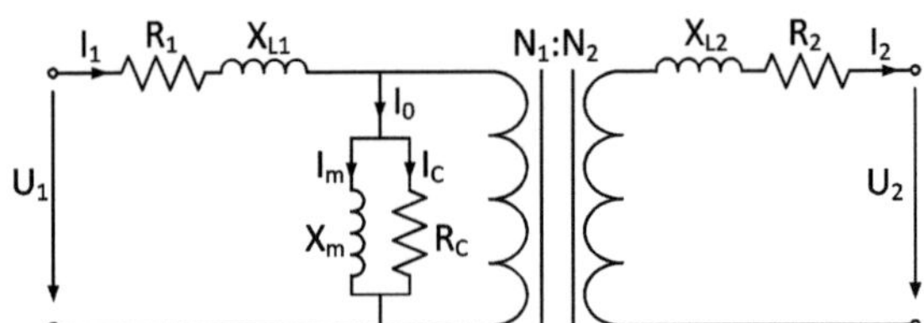

Abbildung 2-5: Elektrisches Ersatzschaltbild eines Transformators mit idealem Übertrager

2.2 Eisenkerne

Der Eisenkern eines Transformators besteht aus vielen Lagen Elektroblech. Der Begriff Elektroblech bezeichnet dabei weiches ferromagnetisches Eisen. Weich bezeichnet dabei die Eigenschaft, dass die restliche Magnetisierung, welche nach dem Entfernen eines externen Feldes im Material zurückbleibt, relativ gering ist. Diese verbleibende Magnetisierung wird als Remanenz bezeichnet. Im Gegensatz dazu behält ein hartmagnetischer Stoff eine deutlich größere Remanenz nach Entfernen des Feldes von außen (z.B. ein Dauermagnet). Je weicher ein ferromagnetisches Eisen ist, desto weniger Energie wird für die Ummagnetisierung benötigt.

Für den Einsatz in Transformatoren wird ein möglichst weichmagnetisches Material benötigt. Durch dessen Einsatz im Wechselfeld wird das Material kontinuierlich ummagnetisiert. Die dafür nötige Energie soll möglichst gering sein, da sie, wie in Abschnitt 2.1.3 erwähnt, zu den Verlusten beiträgt.

Die nichtlinearen Eigenschaften des Eisenkerns sind der zentrale Punkt, weshalb es durch Gleichströme zu Sättigungseffekten kommt. Um die Auswirkungen des

Gleichstroms abbilden zu können, muss daher auch eine möglichst genaue Betrachtung des Eisenkerns erfolgen.

2.2.1   Magnetisierung

Die Magnetisierung eines Eisens hängt von der Orientierung der Weiss'schen Bezirke ab. Weiss'sche Bezirke bezeichnen Räume im Material, die dieselbe Magnetisierung (Ausrichtung) aufweisen. Ferromagnetische Stoffe bestehen aus elementaren, magnetischen Momenten. Ursprung dieser magnetischen Momente sind Elektronenspins. Die Ausrichtung der Momente kann sich ändern und durch ein von außen angelegtes magnetisches Feld beeinflusst werden. Im unmagnetisierten Zustand ist die Ausrichtung der Momente willkürlich. Wenn sich benachbarte Momente parallel zueinander ausrichten, z.B. aufgrund eines angelegten magnetischen Feldes, bilden sich die sog. Weiss'schen Bezirke.

Abbildung 2-6 skizziert die Anordnung der Weiss'schen Bezirke im a) unmagnetisierten und b) magnetisierten Zustand. Die eingezeichneten Pfeile kennzeichnen dabei die Magnetisierung innerhalb eines Bezirks. Durch das von außen angelegte magnetische Feld $\vec{H}$ werden die gleich orientierten Weiss'schen Bezirke größer und nehmen mehr Raum in Anspruch. Dadurch entsteht die ebenfalls gleichgerichtete Magnetisierung M des gesamten Materials.

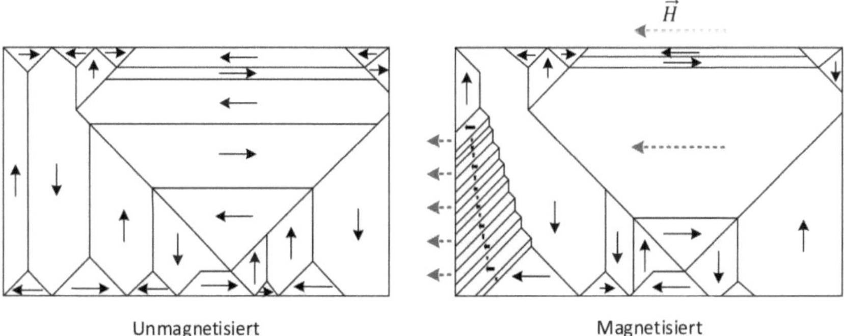

Abbildung 2-6:   Skizzierte Anordnung von Weiss'schen Bezirken im [7]
links: unmagnetisierter Zustand
rechts: magnetisierter Zustand

Die Magnetisierung gibt an, wie viele magnetische Momente sich parallel ausgerichtet haben und in welche Richtung. Die Gleichung (2-13) beschreibt dabei den

Zusammenhang zwischen magnetischer Flussdichte, dem von außen angelegten magnetischen Feld und der im Eisen enthaltenen Magnetisierung.

$$B = \mu_0(H + M) \tag{2-13}$$

$$J = \mu_0 \cdot M \tag{2-14}$$

Sättigung

Aufgrund der elementaren magnetischen Momente ist die Magnetisierung auf einen endlichen Wertebereich festgelegt. Mit zunehmender magnetischer Feldstärke werden immer mehr Momente parallel ausgerichtet und die Magnetisierung steigt weiter an. Ab einer gewissen Magnetisierung sind alle im Material verfügbaren Momente in dieselbe Richtung ausgerichtet. Dieser Zustand wird als Sättigung bezeichnet. Eine weitere Zunahme der Magnetisierung ist ab diesem Punkt nicht mehr möglich. Der Übergang in den gesättigten Bereich ist jedoch fließend. [8]

Abbildung 3-1 zeigt exemplarisch eine solche Kurve. Für kleine magnetische Flussdichten kann die Kennlinie als linear betrachtet werden. Mit steigender magnetischer Flussdichte wird die Kennlinie immer flacher.

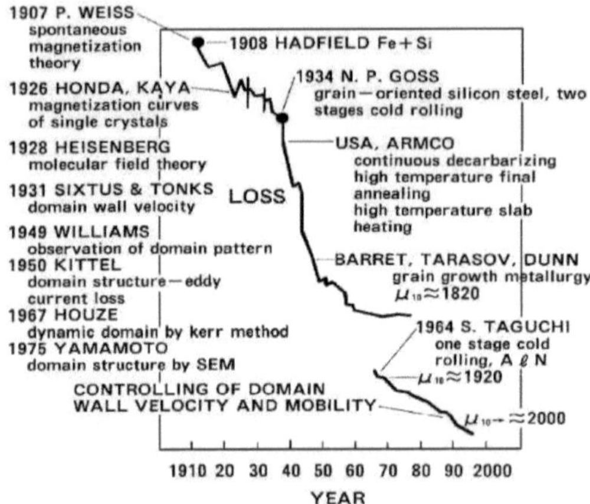

Abbildung 2-7: Entwicklung der Verluste von kornorientiertem Elektroblech [9]

Die Steigung der Magnetisierungskennlinie wird als μ_r bezeichnet und ist ein Maß für die Effizienz des Materials. Um bei einem Material mit flacherer Kennlinie (kleinerem μ_r) den gleichen magnetischen Fluss zu erzeugen, wird ein entsprechend größeres magnetisches Feld H benötigt. Der hierfür notwendige Strom erzeugt in den Wicklungen dann einen größeren Wärmeverlust entsprechend dem elektrischen Widerstand der Wicklung. Abbildung 2-7 zeigt die Entwicklung von Elektroblech in den vergangenen 100 Jahren. Durch optimierte Verfahren und Materialzusammensetzungen konnten die Verluste stetig reduziert werden.

Die Gleichungen (2-13) und (2-14) zeigen, dass die magnetische Flussdichte aus der Summe von $\mu_0 \cdot H$ und $J = \mu_0 \cdot M$ besteht. J wird hierbei als magnetische Polarisation bezeichnet. Durch eine Erhöhung der magnetischen Feldstärke kann die Flussdichte auch über die Sättigung hinaus erhöht werden. Dies beschränkt sich jedoch auf den Bereich der Wicklung. Der Summand $\mu_0 \cdot H$ entspricht dabei der Magnetisierung des Vakuums, welche der Magnetisierung des Materials M immer überlagert ist. Jedoch gilt $\frac{dB}{dH} \ll \frac{dB}{dM}$ und das Erhöhen der magnetischen Flussdichte über die Sättigung hinaus benötigt ein Vielfaches des Stromes, welcher zu Magnetisierung unterhalb der Sättigung notwendig ist.

2.2.2 Hysterese

Die Ränder des in Abschnitt 2.2.1 erklärten Weiss'schen Bezirkes werden als sog. Domänenwände bezeichnet. Bei der Vergrößerung oder Verkleinerung eines Bezirkes verschieben sich diese Wände. Durch Unregelmäßigkeiten und Verunreinigungen im Eisen erfahren die Domänenwände eine Art Widerstand bei ihrer Bewegung. Wenn die durch das magnetische Feld hervorgerufene Kraft ausreichend stark ist, bewegt sich die Domänenwand und es werden weitere Elementarmagnete neu ausgerichtet. [8] [10]

Durch die Unregelmäßigkeiten im Material entsteht die sog. Hysterese Abbildung 2-8 a) zeigt eine exemplarische Hysteresekurve, die innerhalb einer Periode durchlaufen wird. Die Hysteresekurve wird ausschließlich durch das Material des Eisenkerns definiert und hat einen maßgeblichen Einfluss auf die Leerlaufverluste und Geräusche eines Transformators [7] [11] [12]. Abbildung 2-8 b) zeigt den Vorgang des einmaligen Auf- und Abmagnetisierens. Beim Aufmagnetisieren (von H_1 nach H_2) wird die magnetische Flussdichte um ΔB_1 angehoben. Beim Abmagnetisieren (von H_2 nach H_1) reduziert sich die Flussdichte jedoch nur um ΔB_2. Die Differenz $\Delta B_1 - \Delta B_2$ entspricht dabei der Magnetisierung, welche im Material verbleibt und wird als Remanenz bezeichnet.

Die in Abbildung 2-7 dargestellte Reduzierung der Verluste in modernen Kernmaterialien zeigt sich durch eine schmalere Hysteresekurve der Materialien. Je kleiner die Fläche innerhalb der Hysteresekurve ist, die während eines Magnetisierungs-Zyklus umlaufen wird, desto kleiner sind die Magnetisierungsverluste.

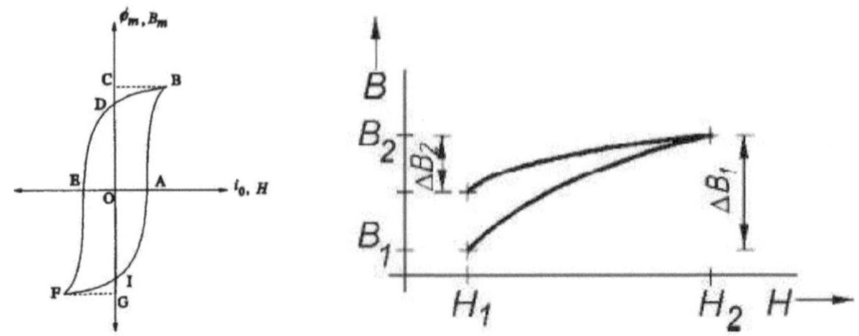

a) gesamte Kurve   b) partieller Ausschnitt
Abbildung 2-8: Hysteresekurve eines Eisenkerns
*   a) gesamte Hysteresekurve [6]*
*   b) nach einmaligem Auf- und Abmagnetisieren [5]*

2.2.3   Magnetostriktion

Der Begriff Magnetostriktion beschreibt die Verformung von Material durch den Einfluss eines Magnetischen Feldes. Abbildung 2-9 zeigt die relative Längenänderung λ von Elektroblech längs der Walzrichtung bei unterschiedlichen Magnetisierungen. Durch diese Verformungen entstehen in einem Eisenkern Vibrationen und Schwingungen, die auch mit dem Gehör als Brummen wahrgenommen werden können. Charakteristisch hierbei ist die doppelte Frequenz der Vibration im Vergleich zum anregenden magnetischen Feld bzw. der angelegten Spannung. [13] [8]

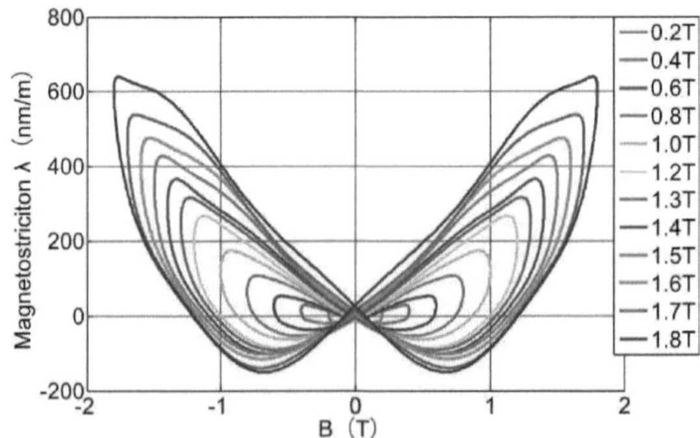

Abbildung 2-9: Magnetostriktion in Abhängigkeit der magn. Flussdichte [13]

3 Ursachen und Effekte von Gleichstrom in induktiven Betriebsmitteln

Induktive Betriebsmittel in der Energietechnik besitzen meistens einen Eisenkern. Dazu gehören Transformatoren, Spulen und Wandler. Mithilfe von Wicklungen wird elektrische Energie entsprechend des Induktions- und Durchflutungsgesetzes (Gleichungen (2-1) bis (2-4) und (2-8), (2-9)) in magnetische Energie umgewandelt. Die Eigenschaften des Eisenkerns wirken sich dabei maßgeblich auf das Übertragungsverhalten aus.

In Abbildung 3-1 ist der vereinfachte Zusammenhang zwischen der magnetischen Flussdichte (welche proportional zur Spannung ist) und der magnetischen Feldstärke (welche proportional zum Strom ist) in Form der Magnetisierungskennlinie dargestellt.

Aufgrund der in Absatz 2.2.1 erklärten Sättigung kann ein Eisenkern nur eine begrenzte Magnetisierung M bzw. magnetische Flussdichte B erreichen. Bei der Dimensionierung von Eisenkernen wird versucht diese möglichst effizient auszulegen. Das bedeutet, dass die magnetische Flussdichte so groß ist, dass diese in ihrem Scheitelpunkt kurz vor der Sättigung ist bzw. minimal in diesen Bereich geht. In Abbildung 3-1 ist dieser Arbeitspunkt mit A1 gekennzeichnet.

Durch einen zusätzlichen Gleichstrom in der Wicklung eines induktiven Betriebsmittels kommt es auch innerhalb der Wicklung zu einem magnetischen Gleichfeld H_{DC}. Der sich durch das magnetische Gleichfeld H_{DC} einstellende Gleichfluss hängt stark vom Material des Eisenkerns und der Topologie des magnetischen Netzwerks ab.

Zwei Transformatoren mit unterschiedlicher Topologie (3- und 5-Schenkel Kern) verhalten sich gänzlich unterschiedlich bei der Beeinflussung von Gleichstrom. Während 5-Schenkel Transformatoren auch bei kleinen Gleichströmen schon starke Sättigungseffekte zeigen, treten diese bei 3-Schenkel Transformatoren erst bei deutlich höheren DC-Strömen auf. [11]

Relevant für das Maß der Beeinflussung ist der sich einstellende Gleichfluss ϕ_{DC} bzw. die Flussdichte B_{DC}. In Abbildung 3-1 führt der Gleichstrom I_{DC} zu einer Verschiebung der magnetischen Flussdichte um B_{DC}. Der neue Arbeitspunkt A2 der sich dadurch einstellt, liegt nun deutlich im Bereich der Sättigung des Kernmaterials. Um die dargestellte Flussdichte erreichen zu können, wird in der Wicklung ein deutlich größeres magnetisches Feld bzw. größerer Strom benötigt. Dadurch entstehen die für Sättigung typischen Stromspitzen.

Charakteristisch für den Einfluss von Gleichstrom ist, dass die Sättigungseffekte nur in einer Halbwelle zu sehen sind. Bei einer Übererregung, welche auch zur Sättigung führt, sind in beiden Halbwellen Sättigungsstromspitzen zu sehen.

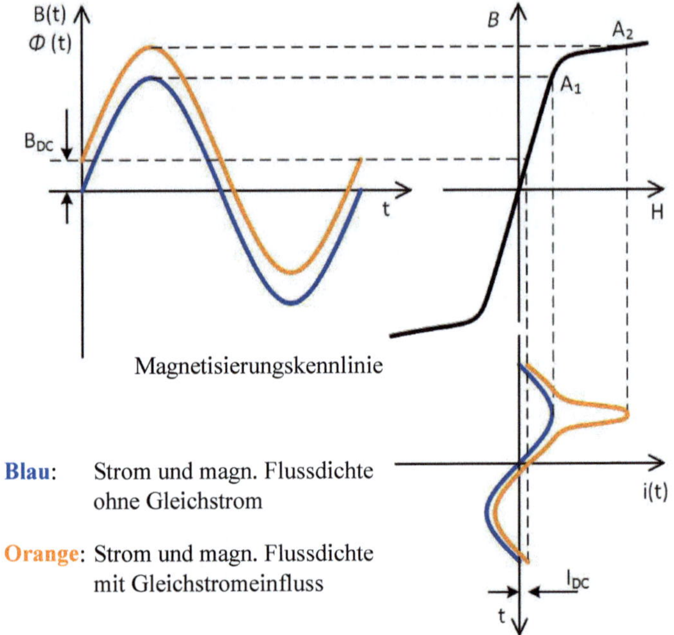

Abbildung 3-1: Verschiebung des magnetischen Flusses in einem Eisenkern durch Gleichstrom bei eingeprägter Spannung

Die hier beschriebene Effekte von Gleichstrom auf induktive Betriebsmitteln gelten prinzipiell für alle induktiven Betriebsmittel. Ausschlaggebend für die Intensität der Beeinflussung bzw. die Sensibilität gegenüber Gleichstrom sind jedoch die folgenden Faktoren:

a) Magnetischer Widerstand (Reluktanz) des magnetischen Netzwerks
→ Je kleiner die Reluktanz, desto größer ist der sich einstellende Gleichfluss
→ Beeinflussbar durch geometrische Form, Länge, Größe und durch Materialeigenschaften des Elektroblechs.
→ Je steiler die Magnetisierungskennlinie des Kernmaterials, desto stärker die Beeinflussung
b) Topologie des Magnetischen Netzwerkes

→ Die effektive Reluktanz für einen magnetischen Gleichfluss ist bei 3-phasigen Betriebsmitteln oft anders, als die Reluktanz, welche bei einer gewöhnlichen AC-Erregung wirkt.

3.1   Effekte durch Gleichstrom

Um die Auswirkungen und Effekte von DC auf induktive Betriebsmittel zu veranschaulichen, werden die Messergebnisse eines Back-to-Back Aufbaus mit zwei baugleichen Transformatoren gezeigt. Abbildung 3-3 zeigt eine Skizze des Messaufbaus. Über die Sternpunkte der beiden Transformatoren können diese gezielt mit einem DC auf der Primärseite beaufschlagt werden. Eine Spannungs- und potentialfreie Strommessung wie in Abbildung 3-4 gezeigt ermöglichen eine genaue Betrachtung der elektrischen Auswirkungen. Zusätzlich werden die Kesselvibrationen und die abgestrahlten Geräusche der Transformatoren gemessen. Beide Transformatoren haben eine primäre Bemessungsspannung $U_M = 420\,kV$, eine Nennleistung von $350\,MVA$ und haben einen 5-Schenkel Eisenkern. Weitere Daten zu den Transformatoren werden im Anhang in Abschnitt 8.1 ergänzt.

Abbildung 3-2: Back-to-Back Messaufbau mit zwei identischen 420kV Transformatoren

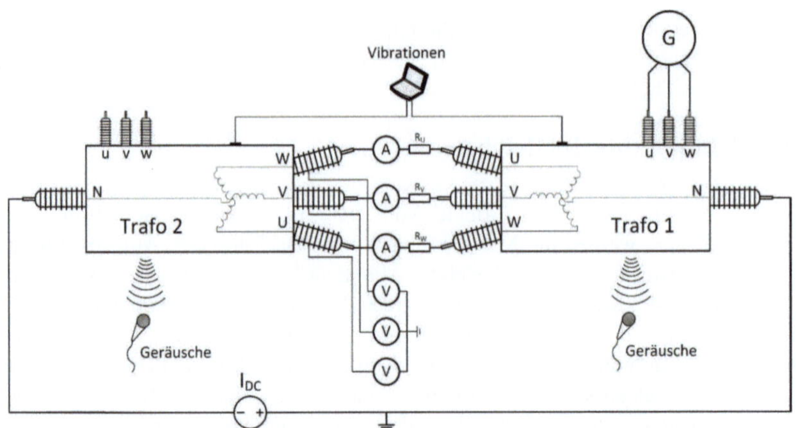

Abbildung 3-3: Back-to-Back Messaufbau für Untersuchung der Effekte bei DC-
*   Beeinflussung [11]*

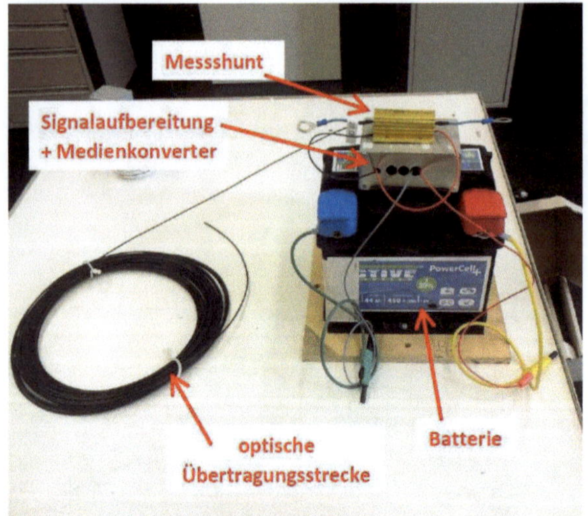

Abbildung 3-4: System zur potentialfreien Strommessung mit Messshunt,
*   Signalaufbereitung, Batterie und optischer Übertragungsstrecke*

Abbildung 3-5 zeigt die gemessenen Ströme aller drei Phasen im Leerlauf. Der über die
Sternpunkte eingespeiste Gleichstrom von 3 A verteilt sich gleichmäßig auf die 3

Phasen. Es ist deutlich zu sehen, dass die Phasen U und W, welche die äußeren Schenkel des Kerns darstellen einen deutlichen Sättigungsstrom zeigen.

Die Stromspitzen zu den Zeitpunkten $t = 0,007\,s$ und $0,013\,s$ entstehen durch die Sättigung des speisenden bzw. des erregenden Transformators, welcher durch den umgekehrten DC-Strom die Sättigung um 180° verschoben hat.

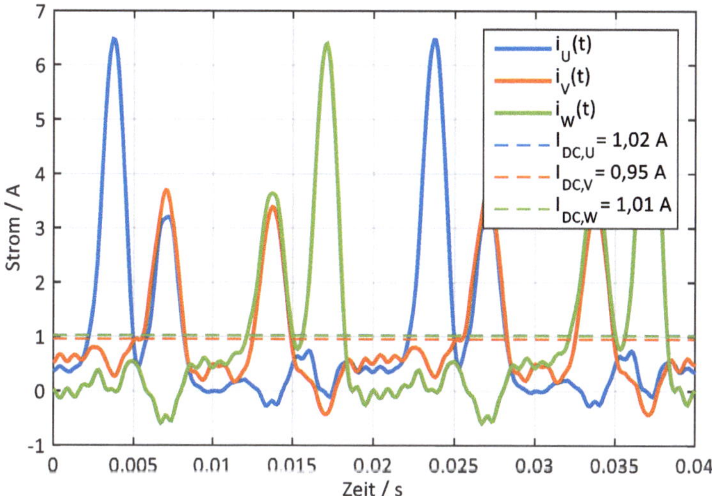

Abbildung 3-5: Leerlaufströme eines 420kV Transformators mit ca. 1 A DC-Überlagerung je Phase [11]

Durch den kurzzeitig erhöhten Strom während der Sättigung kommt es zu erhöhten Verlusten des Transformators. Der Effekt kann besonders im Leerlauf des Transformators gut beobachtet werden. Die Verluste können in Wirk- und Nichtwirkanteile (Blindleistung) zerlegt werden. Die Blindleistung, die durch eine Phasenverschiebung zwischen Strom und Spannung entsteht, ist ein Anteil der Nichtwirkleistung und kann durch Kondensatoren oder Induktivitäten kompensiert werden. Den anderen Teil der Nichtwirkleistung bilden harmonischen Mischprodukte zwischen Strom und Spannung mit unterschiedlichen Frequenzen, welche ähnlich der Blindleistung keine Energie übertragen, aber im Gegensatz zur Blindleistung nicht kompensiert werden können. Die genaue Definition ist im Standard IEEE 1459-2010 beschrieben. [14]

Abbildung 3-6 zeigt die aus den einzelnen Strömen und Spannungen berechneten Summen für Schein-, Wirk- und Nichtwirkleistung. Die Scheinleistung S_V ergibt sich hierbei aus der vektoriell addierten Scheinleistung der einzelnen drei Phasen. Abbildung 8-1 im Anhang zeigt die vektorielle Addition der Scheinleistung bei unterschiedlichen Gleichströmen. Abbildung 3-6 Diagramm a) zeigt deutlich den schnellen Anstieg der Nichtwirkleistung im Vergleich zur Wirkleistung. Die Nichtwirkleistung steigt fast linear mit dem eingespeisten DC und erreicht bei $I_{DC,Stern} = 9\,A$ eine Leistung von $N = 2{,}7\;MVAr$ (Abbildung 8-2 im Anhang) im Leerlauf. Diagramm b) zeigt die Zunahme der Wirkleistung bis $9A$.

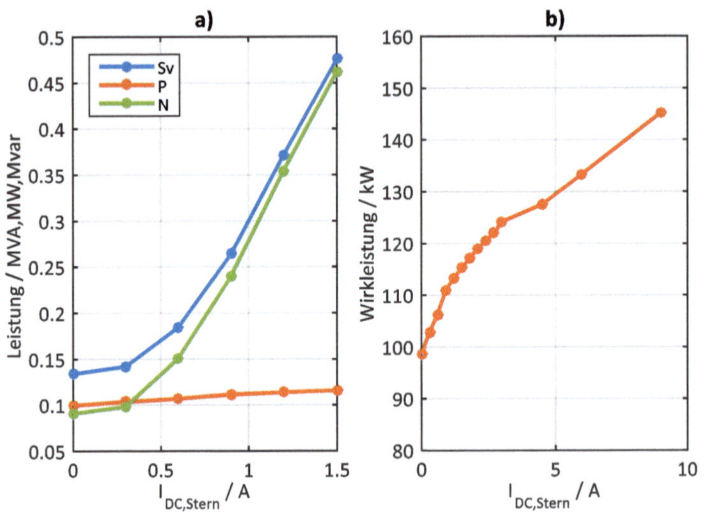

Abbildung 3-6: a) Schein-, Wirk- und Nichtwirkleistung bei kleinen DC-Strömen [11]
b) Wirkleistung bis 9A DC [11]

3.1.1   Elektrische Verzerrung

Wenn es zur Sättigung des Eisenkern kommt, wird die Permeabilitätszahl des Eisens kleiner. Für eine Wicklung um den Kern bedeutet dies, dass die Induktivität sinkt. Bei einer konstanten angelegten Wechselspannung zeigen sich dann die in Abbildung 3-5 dargestellten Stromspitzen, welche den eigentlich sinusförmigen Stromfluss verzerren.

Bei Leistungstransformatoren spielt die Verzerrung des Stromes durch Sättigung keine maßgebliche Rolle. Grund hierfür ist, dass sich die Verzerrung hauptsächlich auf den Magnetisierungsstrom auswirkt. Im Vergleich zum überlagerten Laststrom, welcher um das Vielfache größer ist, verschwindet der Magnetisierungsstrom im Rauschen.

Einen direkten Einfluss auf das Energieübertragungsvermögen eines Leistungstransformators hat die Sättigung auch nicht, da die Kopplung zwischen Primär- und Sekundärwicklung eines Leistungstransformators hauptsächlich über den magnetischen Streufluss zwischen den Wicklungen definiert ist. Im elektrischen Ersatzschaltbild in Abbildung 2-5 wird dies durch die Längsinduktivitäten X_{L1} und X_{L2} repräsentiert.

Im Gegensatz zu Leistungstransformatoren haben induktive Strom- und Spannungswandler keinen Laststrom, der um mehrere Größenordnungen über dem Magnetisierungsstrom liegt. Der Strom durch einen Wandler wird durch dessen Bürde bestimmt. Diese hat eine Größe von wenigen VA. Dadurch wirkt sich die Sättigung des Eisenkerns stärker auf die Strom- bzw. Spannungsform eines Wandlers aus. Die Beeinflussung von Stromwandlern durch Gleichstrom wird in Kapitel 5 noch genauer analysiert.

3.1.2   Verluste – Heißpunkte

Wie in Abbildung 3-6 zu sehen ist, steigt der Leistungsbedarf eines Transformators, der durch DC in Sättigung gebracht wird, stark an. Bei einem Gleichstrom von $I_{DC} = 9\,A$ ($3\,A$ pro Phase) benötigte der Transformator im Leerlauf $2,7\,MVA$ Scheinleistung (Anhang Abbildung 8-2). Der Anteil der reinen Wirkleistung betrug dabei nur $145\,kW$.

Die Betrachtung von Verlusten und Heißpunkten kann grob in drei Aspekte unterteilt werden.

<u>Ohm'sche Verluste in den Wicklungen</u>
Durch den Widerstand der Wicklungen kommt es zu thermischen Verlusten und einer Erwärmung der Wicklung. Hierzu tragen sowohl Wirk- als auch Nichtwirkanteile, also die gesamte Scheinleistung bei. Die ohmschen Verluste steigen quadratisch zum Strom.

Die Auswirkungen von Sättigung auf die Wicklungstemperatur von Leistungstransformatoren sind jedoch als unkritisch anzusehen, da diese auch für eine gewisse Überlast ausgelegt sind. Im gezeigten Szenario in Abbildung 3-6 und Abbildung 8-2 betrug die maximale Scheinleistung durch DC-Beeinflussung nur 0,7% der Nennleistung des Transformators.

<u>Thermische Verluste im Eisenkern</u>
Innerhalb des Eisenkerns kommt es durch Wirbelströme zu ohmschen und durch Hysterese und Magnetostriktion zu Reibungen und damit zu thermischen Verlusten. Diese werden hauptsächlich durch die Wirkleistung im Leerlauf repräsentiert. Das Risiko von Heißpunkten im Eisenkern durch DC-Einfluss ist im betrachteten Szenario jedoch auch als unkritisch einzustufen, da die durch DC zusätzlich umgesetzte

Wirkleistung nur ca. $45\ kW$ beträgt. Bei einem mehrere Tonnen schweren Eisenkern kann dies vernachlässigt werden.

<u>Wirbelstromverluste außerhalb des Eisenkerns</u>

Im ungestörten Betrieb befindet sich der größte Anteil des magnetischen Flusses bedingt durch dessen große Permeabilität im Eisenkern. Wie bereits erklärt, sinkt die Permeabilität des Eisenkerns jedoch, wenn die magnetische Flussdichte zu groß wird und es zur Sättigung kommt. Das magnetische Netzwerk eines Transformators kann als Reihen- und Parallelschaltung der einzelnen Komponenten im Transformator betrachtet werden. Der Magnetische Fluss verteilt sich entsprechend der Reluktanz (dem magnetischen Widerstand), welche durch die Permeabilität definiert ist, auf das Netzwerk. Die Permeabilität des Eisenkern ($\mu_r > 10.000$) ist dabei um ein Vielfaches größer als z.B. des Öls oder der mechanischen Konstruktion aus Holz, Pressboard und Eisen. Wenn durch die Sättigung des Eisenkerns dessen Permeabilität nun sinkt, kommt es zu einer Neuverteilung des magnetischen Flusses. Dabei wird der magnetische Fluss durch alle parallel zum Eisenkern verlaufenden Komponenten größer.

Dies hat vor allem Auswirkungen auf konstruktive Komponenten aus Eisen. Denn der magnetische Fluss erzeugt in diesen Wirbelströme, welche dann wiederum zu ohmschen Verlusten werden. Wirbelstromverluste gibt es zwar auch im Eisenkern, jedoch wird dieser durch das Schichten aus vielen dünnen Lagen hinsichtlich der Verluste optimiert. Da konstruktive Eisenteile wie Pressbalken, Zugstangen o.ä. dies nicht sind, wird hier im Verhältnis deutlich mehr Energie umgesetzt. Hinzu kommt, dass diese Elemente deutlich weniger Masse haben. Durch die Konzentration der Energie auf einen kleinen Bereich könnte hier ein potenzieller Heißpunkt entstehen.

Ein Heißpunkt an einer konstruktiven Komponenten ist zwar unkritischer als an der Wicklung direkt, jedoch kann dies zu einer geänderten Wärmeverteilung oder im schlimmsten Fall sogar zum Ausgasen des Öls (kochen) führen. Dann könnten aufsteigende Gase zu einer reduzierten Isolationsfestigkeit des Transformators führen.

3.1.3   Vibrationen und Geräusche

Neben der Zunahme der Verlustleistung, zeigt sich auch eine Zunahme der mechanischen Schwingungen der Transformatoren. Bedingt durch den kurzzeitigen Sättigungsstrom kommt es zu einer zusätzlichen mechanischen Anregung der Wicklung, welche durch die Lorentzkraft auf die einzelnen Windungen wirkt. Außerdem werden auch im Eisenkern Vibrationen erzeugt. Durch die magn. Feldstärke und den Effekt der Magnetostriktion kommt es zu einer räumlichen Ausdehnung bzw. Stauchung des

Eisenkerns. Dessen Schwingungen werden über das Öl und den Kessel nach außen weitergegeben.

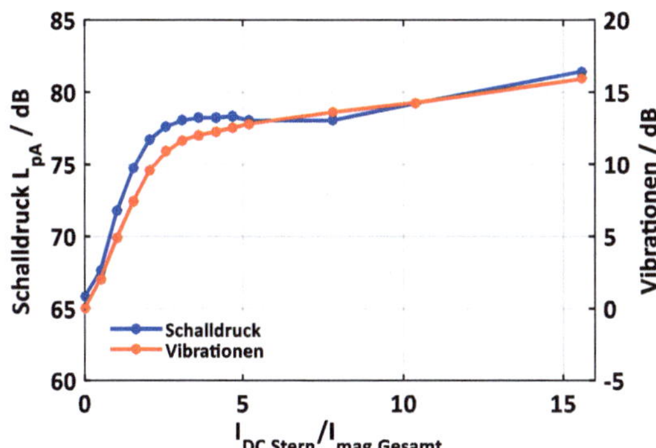

Abbildung 3-7: Zunahme der Geräusche und Vibrationen (Kesselschwingung) durch DC [7]

Abbildung 3-7 zeigt die unter Gleichstromeinfluss gemessenen Vibrationen am Kessel sowie die gemessenen Schallemissionen bis zu einem Gleichstrom von $9\,A_{DC}$. Die X-Achse wurde anhand des Magnetisierungsstroms ohne Gleichstrom normiert. Dadurch kann das Ergebnis besser mit anderen Transformatoren verglichen werden.

Beim Vergleich von Schalldruck und Vibrationen wird deutlich, dass diese sich sehr ähnlich verhalten. Sowohl der qualitative Verlauf als auch die Zunahme der jeweiligen Leistung ist fast identisch. Bemerkenswert ist der schnelle Anstieg gerade bei kleinen DC-Strömen. Dies bestätigt, dass bereits kleinste DC-Ströme zu einer signifikanten Geräuscherhöhung des Transformators führen. Ab dem ca. 3-fachen des Magnetisierungsstromes steigen Schalldruck und Vibrationen nur noch schwach an. Ab diesem Zeitpunkt ist davon auszugehen, dass sich die Magnetisierung des Eisenkerns vollständig in die Sättigung verschoben hat. Die Magnetostriktion, welche für die Vibrationen im Kern verantwortlich ist, hat dann ihren maximalen Wert erreicht.

3.2   Ursachen für Gleichströme in Drehstromnetzen

Es gibt mehrere Ursachen bzw. Möglichkeiten, wie Gleichströme in Hochspannungsnetze einkoppeln können. Jede Ursache hat unterschiedliche Eigenschaften und kann daher auch unterschiedlich auf induktive Betriebsmittel einwirken.

3.2.1   Gleichstromanwendungen mit geerdeten Leitungen

In vielen industriellen Anlagen kommt Gleichstrom zum Einsatz. Vor allem in ausgedehnten Anlagen, wie z.B. dem Transportwesen, kommt dabei das Einleiter Prinzip zum Tragen, bei dem die Energie über nur einen dedizierten Leiter zum Gerät geführt wird. Als Rückleiter wird die Erde verwendet, welche über Elektroden niederohmig kontaktiert wird. Dadurch lassen sich bei Aufbau dieser Systeme teure Ressourcen sparen. Neben Bahnanwendungen mit Gleichstrom sind z.B. auch Korrosionsschutzanlagen, wie sie bei Pipelines zum Einsatz kommen, oder HGÜ-Anlagen im Mono-Pol Betrieb Anwendungen, bei denen ein kontinuierlicher Gleichstrom durch das Erdreich fließt. [15]

Wenn sich entlang dieser Erdströme nun induktive Betriebsmittel mit geerdeten Anschlüssen befinden (Transformatorsternpunkte oder Wandler Erdungen), bilden die Hochspannungssysteme einen sehr niederohmigen Bypass zum Strompfad in der Erde. Abbildung 3-8 veranschaulicht das Szenario. Der Strom I_{DC} stellt hier einen beliebigen Gleichstrom dar, der innerhalb des Erdreichs fließt. Durch die beiden geerdeten Transformatoren ergibt sich nun ein Stromteiler wobei der Anteil $I_{DC,1}$ weiterhin im Erdreich und der Anteil $I_{DC,2}$ über die Transformatoren und Hochspannungsleitungen fließt.

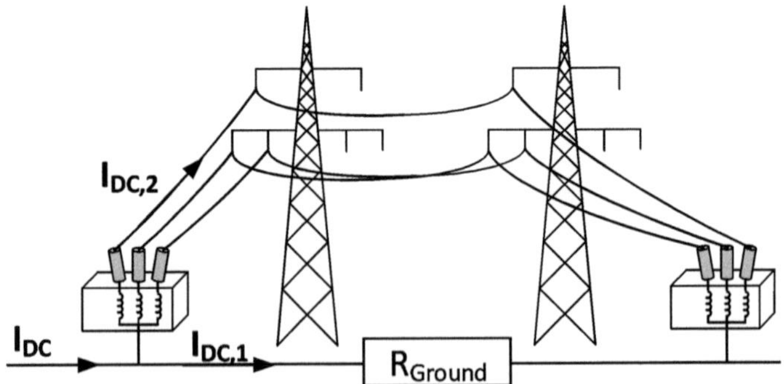

Abbildung 3-8: Prinzip eines galvanisch eingekoppelten Gleichstroms

Ströme, die durch Gleichstromanwendungen entstehen und über geerdete Sternpunkte in Hochspannungsnetz einkoppeln, haben die folgenden Eigenschaften:
- Die Intensität des Gleichstromes korreliert mit der Entfernung zur Gleichstromanwendung.
- Das Auftreten kann dauerhaft aber auch nur kurzzeitig, entsprechend dem Betrieb der Anlage sein.
- Der Gleichstrom verteilt sich symmetrisch auf alle drei Phasen.

3.2.2   GIC

Der Begriff GIC steht für „geomagnetic induced current", geomagnetische induzierte Ströme. Dabei wird durch eine lokale Änderung im Erdmagnetfeld direkt ein Strom in eine Freileitung induziert. Die Ursache für diese lokalen Änderungen ist auf sog. Sonnenstürme oder Sonneneruptionen zurückzuführen. [16] [17] [18]

GIC-Ströme haben die folgenden Eigenschaften:
- Wechselstrom mit sehr kleiner Frequenz im Bereich wenige Millihertz. Dadurch wirken sie für **50 Hz** Netze wie ein langsam steigender und abfallender Gleichstrom aus.
- GIC-Ströme sind einzelne Ereignisse, die nur einige Stunden dauern, kein kontinuierlicher Gleichstrom.
- Die Intensität der Ereignisse hängt sowohl von der geografischen Lage (stärkere Ereignisse an Polnähe) als auch dem elektrischen Netz ab.
- GIC-Ströme verteilen sich bei Drehstromsystemen immer gleichmäßig auf alle drei Phasen.
- Durch Messungen sind Stromstärken bis zu **200 A** dokumentiert [19] [20].

Entstehung und Berechnung von GIC-Strömen werden in Kapitel 6.2 näher erläutert.

3.2.3   Hybridleitung HGÜ/AC

Die Hybridleitung oder Hybridtrasse bezeichnet ein Hochspannungs-Freileitungssystem, bei dem sowohl konventionelle Wechselstromsysteme (AC) als auch Hochspannungs-Gleichstrom-Systeme (HGÜ) auf denselben Hochspannungsmasten und damit in unmittelbarer Nähe installiert sind.

Abbildung 3-9 veranschaulicht das Konzept. Die dargestellten Masten können vier Stromkreise tragen. Das System 1 wurde durch ein HVDC-System ersetzt. Da eine bipolare HVDC-Leitung nur zwei Leiter benötigt, verbleibt ein Leiterseil im fehlerfreien Betriebszustand ungenutzt und kann als DMR (dedicated metallic return) und für Schirmzwecke eingesetzt werden. Aufgrund des dauerhaft positiven oder negativen Potentialunterschiedes können sich Ladungen im elektrischen Feld zwischen HVDC-System und AC-System bewegen. Je nach Polarität wird das AC-System dadurch mit Elektronen angereichert oder es werden Ladungen entzogen. Über mehrere Kilometer hinweg kann dadurch ein Gleichstrom entstehen, der über die Transformatoren am Ende der Hochspannungsleitung abfließt, [21].

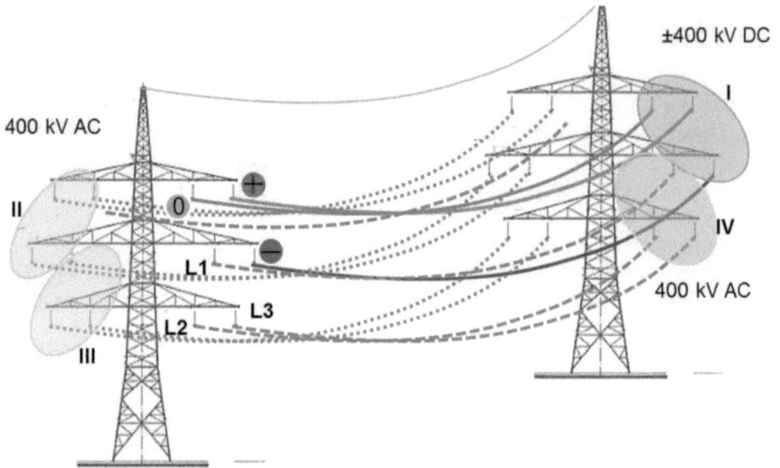

Abbildung 3-9: Konzept einer Hybridleitung. System I HVDC, Systeme II-IV AC [22]

Bei der Anordnung der Leiterseile auf dem Mast kann der neutrale Leiter so angeordnet werden, dass durch ihn eine Schirmung zwischen AC- und DC-System entsteht. Dadurch verlagert sich die ohmsche Kopplung von HVDC->AC hin zu HVDC->DMR. Das AC-System erfährt dadurch eine kleinere Beeinflussung durch das HGÜ-System. 100-prozentig ausgeschlossen wird eine Beeinflussung des AC-Systems dadurch jedoch nicht.

Die sich an den Transformatoren einstellende Stromstärke hängt bei Hybridleitungen stark von der Anordnung der Phasen auf den Masten ab. Zusätzlich hat die Luftfeuchtigkeit einen großen Einfluss. Je größer diese ist, desto besser können sich die Ladungen zwischen den Leiterseilen bewegen. Die Größenordnung der sich bildenden Ströme liegt laut bisherigen Untersuchungen bei wenigen $\frac{mA}{km}$ [21].

Gleichströme durch Hybridleitungen haben die folgenden Eigenschaften:
- Intensität der Einkopplung hängt von Mastgeometrie, Länge der Leitungen und Wetterbedingungen ab.
- Es handelt sich um einen konstanten Strom.
- Die Verteilung auf die Phasen des AC-Systems ist nicht zwingend symmetrisch. Einzelne Phasen können mehr oder weniger belastet sein.
- Es reicht eine galvanische Verbindung zur Erde.

4   Transientes Simulationsmodell

Um die Effekte von Gleichstrom auf induktive Betriebsmittel simulieren zu können, wird nachfolgend untersucht, inwiefern sich diese mit MATLAB Simulink nachbilden lassen. Ziel ist es eine Simulation zu erstellen, die der tatsächlichen Funktionsweise von induktiven Betriebsmitteln möglichst nahekommt. In diesem Kapitel wird der Ansatz für ein Simulationsmodell mithilfe von MATLAB Simulink Simscape, sowie dem Jiles-Atherton Modell erläutert.

Die Umsetzung des Simulationsmodells wird anhand der Simscape Komponente in MATLAB Simulink realisiert. Diese bietet den Vorteil, dass sie speziell auf physikalische Zusammenhänge ausgerichtet ist. Im Gegensatz zu reinen Simulink Simulationen sind alle Signale in Simscape physikalischen Größen bzw. Einheiten zugeordnet, welche sich wiederum in zusammenhängende Domains gliedern. Für die Simulation von induktiven Betriebsmitteln werden Elemente aus den Domains elektrisch und elektromagnetisch verwendet. Während es in Simulink möglich ist physikalisch unmögliche Zusammenhänge zu erzeugen, indem man beliebige Signale miteinander kombinieren und verrechnen kann, erlaubt Simscape nur die Verbindung von Komponenten mit derselben physikalischen Einheit. Es ist also nicht möglich eine elektrische Leitung an z.B. eine magnetische Leitung anzuschließen. Über spezielle Konverter Einheiten können Netzwerke aus unterschiedlichen Domänen verbunden werden. Der *Electromagnetic Converter* stellt beispielsweise eine Wicklung bzw. Spule dar und verbindet elektrische und magnetische Netzwerke. Mittels weiterer Konverter können auch Signale aus und nach Simulink mit Simscape verknüpft werden. [23]

Die in Simscape zur Verfügung stehenden Blöcke teilen sich in Elemente, Sensoren und Quellen auf. Während Sensoren und Quellen dedizierte Ein- bzw. Ausgangssignale haben, sind Elemente reziprok, haben also keine festgelegte Wirkungsrichtung. Dies stellt einen zentralen Unterschied zu Simulink Signalen dar.

Durch die elektrischen und magnetischen Einheiten sowie Wicklungen, welche elektrische mit magnetischen Netzwerken verbinden, lassen sich induktive Betriebsmittel entsprechend ihrem topologischen Aufbau in der Simulation nachbauen. Abbildung 4-1 veranschaulicht das Prinzip. Die elektrischen Anschlüsse auf der Primär- und Sekundärseite von z.B. Transformatoren, werden mittels Wicklungen und einem magnetischen Netzwerk miteinander verknüpft. Da der physikalische Aufbau der Betriebsmittel 1:1 in der Simulation nachgebaut werden kann, gibt es hier prinzipiell keine Beschränkungen und es können alle induktiven Betriebsmittel in ihrer Grundfunktion modelliert werden.

Um die Sättigungseffekte durch Gleichstrom in induktiven Betriebsmitteln simulieren zu können, ist es nötig, die Elemente des Eisenkerns innerhalb des magnetischen

Netzwerks auch so zu modellieren, dass diese das entsprechende Sättigungsverhalten widerspiegeln. In dieser Arbeit wird gezeigt, wie eine Implementierung des Jiles-Atherton Modells in MATLAB Simscape aussehen kann. Hierfür wurde ein eigenes Simscape Element erstellt. Die Simscape Sprache ermöglicht es die differentiellen Gleichungen des Jiles-Atherton Modells direkt in das Element zu übertragen. Dadurch kann eine magnetische Reluktanz mit Hysterese und Sättigungsverhalten realisiert werden.

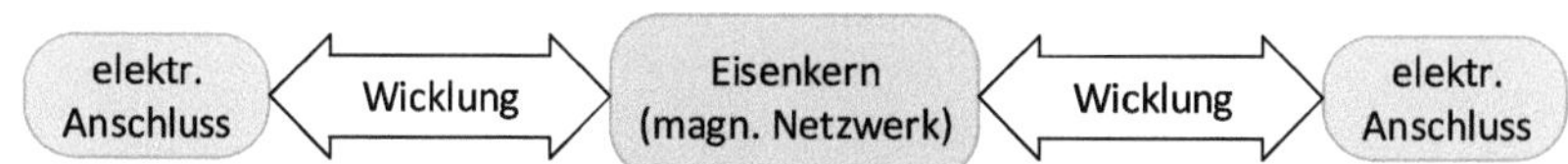

Abbildung 4-1: Prinzipieller Simulationsaufbau eines induktiven Betriebsmittes mit galvanisch getrennten Anschlüssen in Simscape

Das Simulationsmodells kann anschließend anhand der geometrischen Daten von Kern und Wicklungen, sowie den fünf Jiles-Atherton Parametern, welche die Eigenschaften des Eisenkerns definieren, parametrisiert werden.

4.1 Jiles-Atherton Modell

Um die nichtlineare Magnetisierung von ferromagnetischen Werkstoffen mathematisch beschreiben zu können, entwickelten D.-C.-Jiles und D.-L.-Atherton 1986 ihre Theorie, bei welcher eine Beziehung zwischen magnetischem Moment (Magnetisierung) M und magnetischer Feldstärke H beschrieben wird [10], [24]. Im Vergleich zu anderen Hysteresemodellen bietet das Jiles-Atherton Modell den Vorteil, dass sich seine Parameter auf die physikalischen Zusammenhänge innerhalb des Materials stützen. [25]

Tabelle 4-1: Jiles-Atherton Parameter

Parameter	Einheit	Bezeichnung
M_S	A/m	Sättigungsmagnetisierung des Materials
a	A/m	Dichte der Domänenwände im magnetischen Material
c		Umkehrbarkeit der Magnetisierungskonstante
α		Interdomänen-Kopplung im magnetischen Material
k	A/m	Durchschnittliche Energie, die erforderlich ist, um die Pinning-Stelle im magnetischen Material zu durchbrechen

Die Gleichungen (4-1) bis (4-7) beschreiben das Jiles-Atherton Basismodell wie es in [10] und [24] beschrieben wird. Das Modell wurde später von A. Ramesh [26] und R. Szewczky [27] noch um drei weitere Parameter erweitert, welche hier jedoch nicht betrachtet werden. Die Parametrierung des Basismodells erfolgt über die in Tabelle 4-1 aufgelisteten Größen.

Der häufig beschriebene Zusammenhang zwischen magnetischer Flussdichte B und magnetischer Feldstärke H mittels der Materialkonstante μ_r wird durch die Magnetisierung M des Materials erweitert.

$$B(t) = \mu_0(H(t) + M(t)) \tag{4-1}$$

Die Magnetisierung M setzt sich aus einer statischen Komponente ohne Hysterese M_{st} und einer irreversiblen Komponente M_{irr} zusammen, welche die Hysterese repräsentiert.

$$M(t) = c \cdot M_{st}(t) + (1 - c)M_{irr}(t) \tag{4-2}$$

Der Parameter c definiert das Verhältnis zwischen beiden Komponenten und wird als reversible oder umkehrbare Magnetisierungskonstante bezeichnet. Diese hat einen direkten Einfluss auf die Breite der Hysteresekurve.

Die statische Magnetisierung M_{st} bildet dabei den groben Verlauf in Abhängigkeit von der effektiven magnetischen Feldstärke H_{eff} ab, vergleichbar der Magnetisierungskennlinie. Der Kurvenverlauf inkl. Sättigung wird durch die Langevin-Funktion abgebildet.

$$M_{st}(t) = M_S \cdot \left(\coth\left(\frac{H_{eff}(t)}{a}\right) - \frac{a}{H_{eff}(t)}\right) \tag{4-3}$$

Der Parameter M_S definiert die Sättigungsmagnetisierung und a die Dichte der Domänenwände, welche einen direkten Einfluss auf die Steilheit im nicht gesättigten Bereich hat.

Die effektive magnetische Feldstärke H_{eff} bildet sich aus der magnetischen Feldstärke und einem Anteil der Magnetisierung, welcher durch den Parameter α definiert ist.

$$H_{eff}(t) = H(t) + \alpha \cdot M(t) \tag{4-4}$$

Der Parameter α repräsentiert die Kopplung zwischen den magnetischen Domänen im Material.

Die irreversible Magnetisierung M_{irr} wird von Jiles und Atherton über eine Differentialgleichung erster Ordnung beschrieben.

$$\frac{dM_{irr}(t)}{dH(t)} = \frac{\delta_m \cdot (M_{an}(t) - M_{irr}(t))}{k \cdot \delta - \alpha \cdot (M_{an}(t) - M_{irr}(t))} \qquad (4\text{-}5)$$

Mit:

$$\delta_m = \begin{cases} 1 & : \quad \dfrac{dH(t)}{dt} > 0 \text{ und } M_{an}(t) > M_{irr}(t) \\ 1 & : \quad \dfrac{dH(t)}{dt} < 0 \text{ und } M_{an}(t) < M_{irr}(t) \\ 0 & : \quad \text{sonst} \end{cases} \qquad (4\text{-}6)$$

$$\delta = \begin{cases} 1 & : \quad \dfrac{dH(t)}{dt} > 0 \\ -1 & : \quad \dfrac{dH(t)}{dt} < 0 \\ 0 & : \quad \text{sonst} \end{cases} \qquad (4\text{-}7)$$

Bei der Implementierung als Simscape Komponente, können jedoch alle Gleichungen direkt abgebildet werden. Die Faktoren δ und δ_m können über if-Funktionen oder Signum-Funktionen beschrieben werden.

Eine weitere Besonderheit stellt die Kotangens hyperbolicus Funktion (*coth*) dar, da diese in der Simscape Umgebung nicht verfügbar ist. Der *coth* lässt sich alternativ über die Funktionen Kosinus hyperbolicus (*cosh*) und Sinus hyperbolicus (*sinh*) abbilden. Ein besonderes Augenmerk muss hierbei jedoch auf undefinierte Stellen gerichtet werden, wie diese für $coth(0)$ bzw. $\frac{1}{\sinh(0)}$ entstehen.

4.2   Topologischer Aufbau

Durch die Möglichkeit in Simscape ein individuelles magnetisches Netzwerk zu modellieren, können alle induktiven Betriebsmittel in der Simulation nachgebaut werden. Abbildung 4-2 zeigt den Aufbau eines dreiphasigen Transformators mit drei Schenkel in Yy0 Verschaltung. Die orangen Elemente stellen den Kern dar. Diese Elemente sind durch ihre Länge, den Querschnitt und die in Absatz 4.1 beschriebenen Jiles-Atherton Parameter definiert. Die grünen Elemente stellen Streuflusspfade dar, die parallel zum Eisenkern bzw. zwischen den Wicklungen existieren. Diese werden als lineare Reluktanzen abgebildet und nur durch ihre Länge, Durchmesser und Permeabilitätszahl μ_r definiert.

Der genaue Aufbau und die Definition der einzelnen Streuflüsse werden in Abbildung 4-3 genauer dargestellt. Der Ausschnitt entspricht dem grau hinterlegten Bereich aus Abbildung 4-2. Jede Wicklung über einem Schenkel des Transformators, wirkt im magnetischen Netzwerk wie eine Durchflutungsquelle bzw. -senke, siehe Gleichung (2-11).

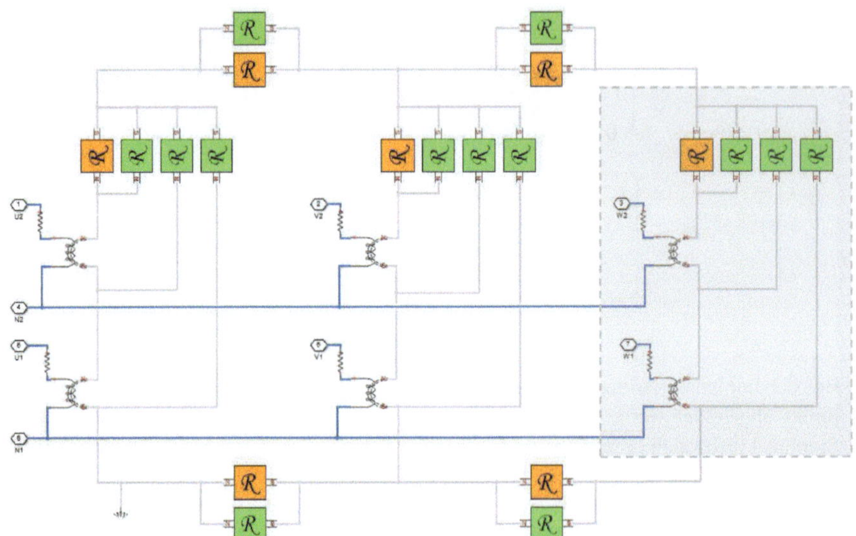

Abbildung 4-2: Aufbau des Transformatormodells mit drei Schenkeln und je zwei Wicklungen in Yy0 Verschaltung

Das in Abbildung 4-3 gezeigt Schema lässt sich beliebig erweitern, um auch Transformatoren mit Tertiärwicklung oder Stromwandler mit mehreren Sekundärwicklungen nachbilden zu können. Die Parametrierung der Streuflusspfade kann in einem ersten Versuch anhand der Querschnittsflächen und der Länge der Wicklung abgeschätzt werden. In einem weiteren Schritt können diese auch anhand der gemessenen Kurzschlussimpedanz des Transformators ermittelt werden. Bei der Messung der Kurschlussimpedanz, wird eine Wicklung des Transformators kurzgeschlossen. Das bedeutet, dass die Spannung an dieser Wicklung gegen Null geht. Entsprechend dem Induktionsgesetz aus Gleichung (2-8) ist dadurch kein magnetischer Wechselfluss durch die Querschnittsfläche innerhalb der Wicklung möglich, bzw. die Summe der Wechselflüsse muss null betragen. Wenn z.B. Wicklung 1 in Abbildung 4-3 kurzgeschlossen wird, gilt die Bedingung $\phi_{Kern}(t) + \phi_A(t) = 0$. Dadurch reduziert sich das magnetische Netzwerk auf die Streuflusspfade um Wicklung 2, bestehend aus $R_B + R_C$. Wenn satt dessen Wicklung 2 kurzgeschlossen wird, gilt die Bedingung $\phi_{Kern}(t) + \phi_A(t) = \phi_B(t)$. Da die Reluktanz $R_A \gg R_{Kern}$, konzentriert sich der magnetische Fluss innerhalb Wicklung 1 auf den Kern und wird durch $R_B \gg R_{Kern}$ hauptsächlich durch R_B definiert.

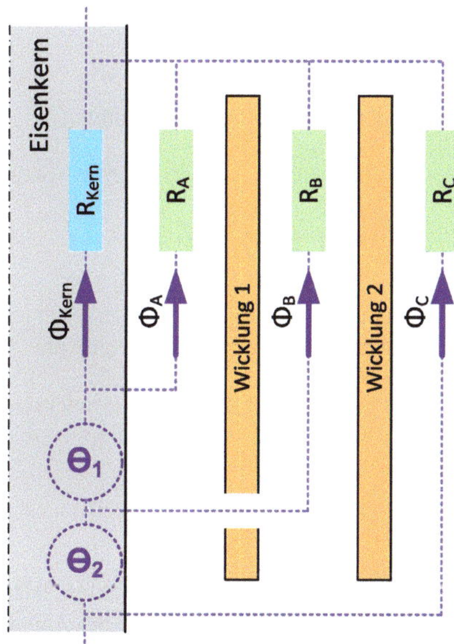

Abbildung 4-3: Rotationssymmetrische Darstellung der magnetischen Haupt- und Streuflusspfade mit Eisenkern und zwei Wicklungen

Der magnetische Widerstand für die Streuflusspfade lässt sich nach Gleichung (4-8) bestimmen. Die Induktivität einer Spule lässt sich daraus nach Gleichung (4-9) ermitteln. Da im Kurzschlussfall nur die Streuflüsse relevant sind, kann mithilfe von Nennspannung, Nennstrom und relativer Kurzschlussspannung in Gleichung (4-10) die Induktivität ermittelt werden, die durch die Streuflusspfade entsteht. Die effektive Länge der Streuflussreluktanzen, welche in einer ersten vereinfachten Annahme gleich der Schenkel oder Wicklungshöhe gesetzt wurde, kann hiermit exakter berechnet werden.

$$R_m = \frac{l}{\mu_0 \cdot \mu_r \cdot A} \qquad\qquad (4\text{-}8)$$

$$L = \frac{N^2}{R_m} = N^2 \cdot \mu_0 \cdot \mu_r \cdot \frac{A}{l} \qquad\qquad (4\text{-}9)$$

$$\frac{U_N \cdot u_k}{\sqrt{3} \cdot I_N} = \omega \cdot L \qquad\qquad (4\text{-}10)$$

Mit: u_k Relative Kurzschlussspannung

       U_N Nennspannung (Leiter-Leiter Spannung) V

       I_N Nennstrom A

       $\mu_r \approx 1$ Permeabilitätszahl von Öl

       l mittlere Länge des Kernelements m

       A Querschnittsfläche des Kernelements m^2

4.3 Modellvalidierung

Um die Funktionsweise der beschriebenen Modellierung induktiver Betriebsmittel validieren zu können wird nachfolgend ein Testaufbau beschrieben, mit dem im Labor eine Gleichstrombeeinflussung in einem Transformator erzeugt werden kann. Dieser Aufbau wird in der Simulation nachgebildet, um so die gemessenen Größen vergleichen zu können.

4.3.1 Versuchsaufbau

Ein zentrales Problem bei Versuchen mit DC-Beeinflussung an Transformatoren ist die Einspeisung des Gleichstroms. Da für die Erregung mit Wechselspannung eine Spannungsquelle und für den Gleichstrom eine Stromquelle benötigt werden, müssen diese getrennt ausgeführt werden. Zusätzlich soll der Stelltransformator, welcher die AC-Quelle ist, nicht durch den Gleichstrom beeinflusst werden. Die Gleichstromquelle muss wiederum von den AC-Spannungen isoliert oder geschützt werden, die durch die normale Erregung entstehen. Abbildung 4-4 zeigt den für die Validierung des Simulationsmodells benutzten Ansatz. Dabei wird ein dreiphasiger Transformator so verschaltet, dass die beiden äußeren Wicklungen in Reihe geschaltet werden. Dadurch entsteht ein magnetischer Wechselfluss, dessen Kreis sich nur über die äußeren Schenkel und die Joche schließt (blaue Pfeile). Der mittlere Schenkel bleibt nahezu frei von Wechselanteilen. Über diesen kann nun ein Gleichstrom bzw. ein magnetischer Gleichfluss in den Kern eingespeist werden (orangene Pfeile). Dieser fließt über die beiden äußeren Schenkel zurück.

Als Besonderheit, gegenüber einer Gleichstrombeeinflussung im Hochspannungsnetz, zeigen sich bei diesem Szenario sowohl in der positiven als auch in der negativen halbwelle Sättigungseffekte. Durch die unterschiedlichen Maschen der Gleich- und Wechselflüsse kommt es in den äußeren Schenkeln abwechselnd in beiden Halbwellen zur Sättigung.

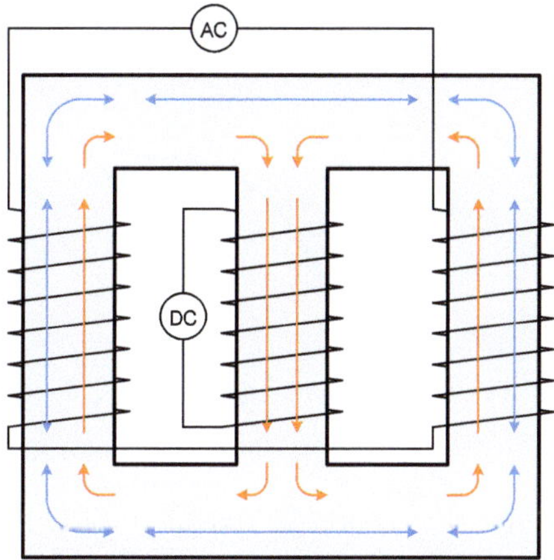

Abbildung 4-4: Darstellung der magnetischen Flüsse bei einem einphasigen DC-Versuch an einem Transformator mit drei Schenkeln [25]
blau: Wechselfluss
orange: Gleichfluss

Durch die Reihenschaltung der beiden äußeren Wicklungen, verdoppelt sich die effektive Windungszahl für die Erregung mit Wechselspannung. Der eigentliche Arbeitspunkt des Transformators mit seiner maximalen Flussdichte im Eisenkern, wird daher schon bei der halben Nennspannung erreicht. Für die Auswertung und den Vergleich mit der Simulation werden der DC-Strom sowie der Wechselstrom und -spannung gemessen.

4.3.2   Simulation und Ergebnis

Da für den verwendeten Transformator keine Informationen bezüglich des verwendeten Eisenkernmaterials zur Verfügung stehen, wird versucht die JA-Parameter mithilfe der gemessenen Hysteresekurven empirisch zu ermitteln. Abbildung 4-5 zeigt das gemessene und simulierte B-H Verhalten, ohne Gleichstrombeeinflussung. Die magnetische Flussdichte ergibt sich hierbei durch die Integration der gemessenen Spannung und die magnetische Feldstärke aus dem gemessenen Strom. Durch die Variation der JA-Parameter, wurde versucht die Fläche zwischen gemessener und simulierter Hysteresekurve zu minimieren. Die dabei ermittelten Parameter sind in Tabelle 4-2 als Set T1 aufgelistet.

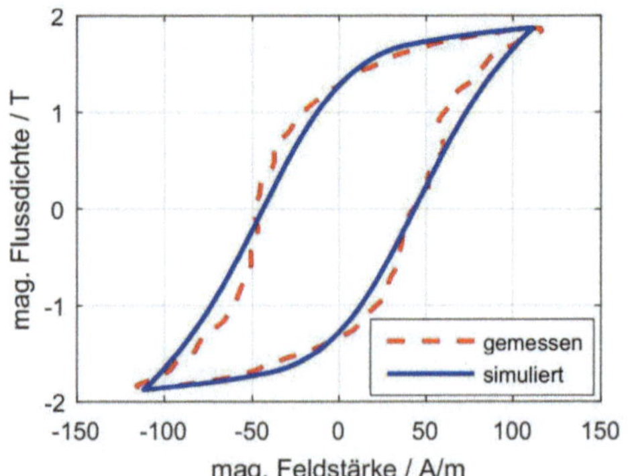

Abbildung 4-5: Gemessene und simulierte Hysteresekurve mit den JA-Parametern Set 1 nach Tabelle 4-2 [25]

Abbildung 4-6 zeigt die Hysteresekurven für eine Gleichstrombeeinflussung von $I_{DC} = 3\,A$. Die grüne Kurve zeigt das simulierte Ergebnis für das Parameter Set T1. Hier ist deutlich zu sehen, dass die Sättigungseffekte nicht so deutlich nachgebildet werden wie diese gemessen wurden. Mithilfe eines zweiten Parameter Sets T2 wurde die Simulation dann dahingehend angepasst, dass die Sättigungseffekte vergleichbar sind.

Tabelle 4-2: JA-Parameter für Simulation [25]

Set	M_S / A/m	a / A/m	c	α	k / A/m
T1	$1,53 \cdot 10^6$	16	0.2	$1,7 \cdot 10^{-7}$	22
T2	$1,43 \cdot 10^6$	16	0.2	$1,7 \cdot 10^{-6}$	75

Dies zeigt, dass Jiles-Atherton Parameter, welche für Hysteresekurven ohne Sättigung erstellt wurden, nicht automatisch auch für den Bereich der Sättigung ein repräsentatives Simulationsergebnis erzeugen. Abbildung 4-7 zeigt die gemessenen und simulierten Ströme mit angepassten JA-Parametern.

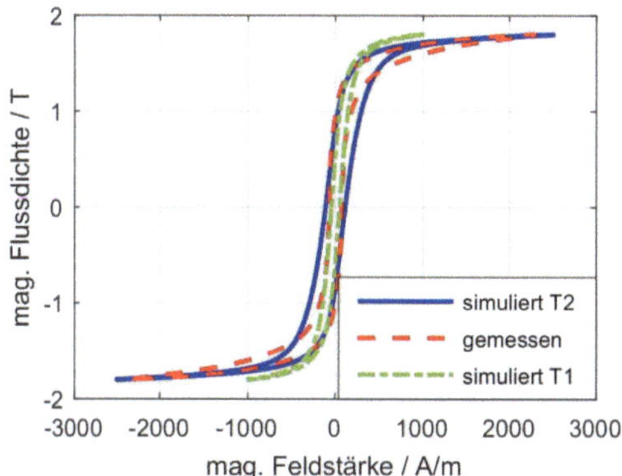

Abbildung 4-6: Gemessene und simulierte Hysteresekurve bei 3A Gleichstrom mit den J.A.-Parametern nach Tabelle X (grün, T1) und nach Tabelle 4-2 (blau, T2) [25]

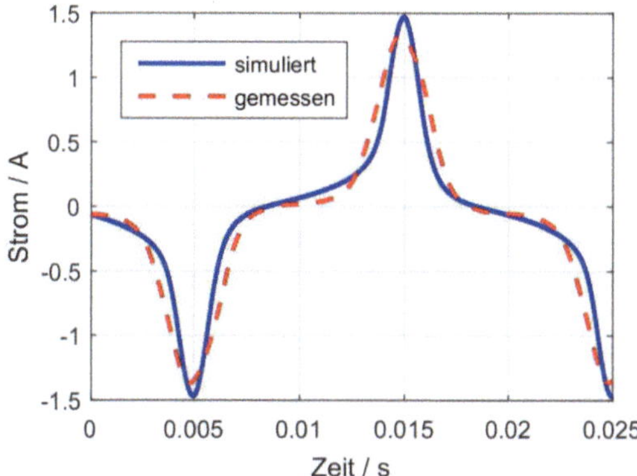

Abbildung 4-7: Magnetisierungsstrom gemessen und simuliert mit Gleichstrombeeinflussung $I_{DC} = 3\,A$ [25]

Abbildung 4-8 zeigt die für die Erregung des Transformators benötigte Schein- und Wirkleistung. Die Simulation wurde dabei mit den für Sättigung optimierten JA-Parametern durchgeführt. Die Scheinleistung kann dadurch bei Gleichstrombeeinflussung und Sättigung sehr gut nachgebildet werden. Für den Bereich ohne Gleichstrombeeinflussung, zeigen sich hier jedoch große Abweichungen zum gemessenen Wert. Dieses Verhalten zeigt sich auch bei der Scheinleistung. Während diese in der Simulation ohne Gleichstrombeeinflussung jedoch überschätzt wird, zeigt sich bei zunehmendem Gleichstrom eine etwas zu geringe Scheinleistung.

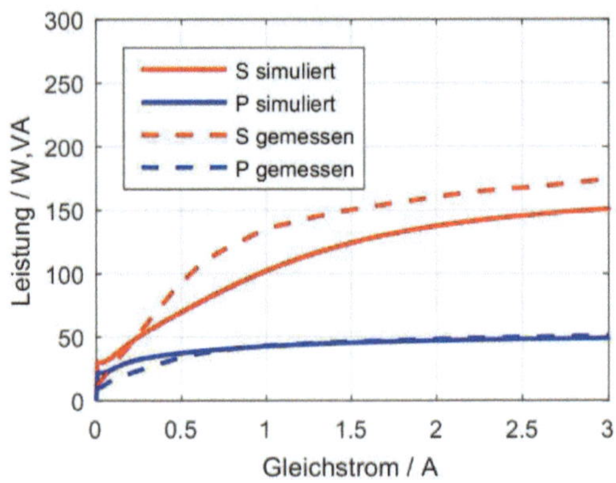

Abbildung 4-8: Wirk- und Scheinleistungsbedarf durch Sättigungseffekte infolge von Gleichstrombeeinflussung [25]

Die prinzipielle Funktionsweise des Simulationsmodells, kann hiermit nachgewiesen werden. Die Wahl geeigneter Jiles-Atherton Parameter hat jedoch maßgeblichen Einfluss auf das Verhalten. Im Idealfall müssen die Parameter nicht anhand der gemessenen Strom und Spannungsverläufe nachgebildet werden. Für eine zuverlässigere Identifizierung der Parameter sollte das Kernmaterial vorab in einem Epstein-Rahmen oder einem Single-Sheet-Tester analysiert werden. Wichtig ist hierbei jedoch, dass die Parameter auch für den Bereich der Sättigung erstellt werden. Für gewöhnlich werden Kernmaterialien nur bis zu einer Flussdichte von ca. $1,7\,T$ untersucht. Dies kann entweder durch eine erhöhte Spannung, verringerten Querschnitt oder einen wie hier verwendeten überlagerten Gleichstrom erfolgen. Sollte es nicht möglich sein, geeignete Parameter zu identifizieren die beide Bereiche hinreichend gut abdecken, können auch unterschiedliche Parameter Sets erstellt werden. Es muss dann jedoch bei der Auswertung berücksichtigt werden, dass die Parameter nur für Ihren jeweiligen Arbeitspunkt (Normalbetrieb oder Sättigungsbetrieb) eine Gültigkeit besitzen.

4.4   Grenzen und Schwierigkeiten des Modells

Trotz der nachgewiesenen Funktion des Modells mittels MATLAB Simscape gibt es einige Probleme bzw. Hindernisse, die bei der Simulation berücksichtigt werden müssen.

<u>Stabilität:</u>
Die numerische Stabilität ist eines der größten Probleme bei der Simulation des Jiles-Atherton Modells. Da es sich um ein nichtlineares Modell, bestehend aus mehreren Differentialgleichungen, handelt, muss ein dafür optimierter Solver verwendet werden. Das beste Ergebnis wurde mit dem *ode23t* Solver von Simulink erreicht. Dieser ist für Differentialgleichungssysteme ausgelegt und nutzt die Trapezregeln für die numerische Integration. Durch kleinere Toleranzgrenzen und kleinere Schrittweiten kann die Stabilität verbessert werden. Dies steht aber schnell mit der aufzuwendenden Zeit für die Simulation in Konflikt.

Neben der Toleranz und Schrittweite des Solvers können auch die gewählten Parameter der Simulation (JP-Parameter, geometrische Parameter, ...) einen großen Einfluss auf die Stabilität haben. Schon die Änderung eines dieser Parameter im Promille Bereich kann sich massiv auf die Stabilität auswirken, ohne dass sich die Simulationsergebnisse wesentlich unterscheiden.

Besonders kritisch ist die Stabilität, sobald es zur Sättigung des Eisenkerns kommt. Dann wird das Differentialgleichungssystem zunehmend steif. Das bedeutet, dass schnelle und langsame Vorgänge gleichzeitig auftreten.

Das Auftreten eines instabilen Simulationszustandes kann entweder bedeuten, dass der Solver es nicht mehr schafft eine weitere Lösung zu finden die konvergiert, oder es kommt zu massiven Verzerrungen und Sprüngen in den Signalen der Simulation.

<u>Ermittlung der Jiles-Atherton-Parameter:</u>
In der hier durchgeführte Untersuchung war es nicht möglich, die Jiles-Atherton Parameter basierend auf Untersuchungen des Elektrobleches zu ermitteln. Das bedeutet, dass die Parameter durch ein iteratives, empirisches Verfahren entwickelt wurden. Da dies sehr zeitaufwendig ist, ist es empfehlenswert die Parameter des verwendeten Elektroblechs im Voraus und außerhalb vom eingesetzten Betriebsmittel zu ermitteln.

<u>Kombinierte Erregung mit Wechselspannung und Gleichstrom:</u>
Das Prinzip, die Simulation hinsichtlich den physikalischen Grenzen und zusammenhängen, möglichst realitätsnah nachzubilden führt dazu, dass sich Probleme aus dem realen Versuchsaufbau auch in der Simulation widerspiegeln.

Dies betrifft z.B. die Möglichkeit der Erregung mit Wechselspannung einen Gleichstrom zu überlagern. Wie in der Realität, können auch in der Simscape Simulation eine Spannungsquelle und eine Stromquelle nicht unabhängig voneinander in Reihe geschalten werden. Um dieses Problem zu umgehen, muss entweder ein Bypass für Wechselströme parallel zur Gleichstromquelle in Form eines Kondensators erzeugt werden, oder es muss auch in der Simulation ein Aufbau erzeugt werden bei dem durch eine Back-to-Back Verschaltung von Transformatoren, wie in Kapitel 3.1 beschrieben, zwei neutrale Anschlüsse entstehen, an denen der Gleichstrom eingespeist werden kann.

<u>Spannungsquelle und Inrush:</u>
Wie bei beim realen Zuschalten von Transformatoren, kommt es auch in der Simulation zu einem Inrush infolge der Sättigung des Eisenkerns. Um dies zu verhindern, muss die Erregerspannung auch in der Simulation langsam erhöht und nicht sprunghaft angelegt werden. Dies erhöht die Simulationszeit jedoch deutlich.

Das Modellieren einer realen Spannungsquelle mit Innenwiderstand hat sich positiv auf die Stabilität und die Ergebnisse der Simulation ausgewirkt. Dadurch wird verhindert, dass die Quelle einen unendlich großen Strom treiben kann der wiederum zu unrealistischen Größen innerhalb der Simulation des Magnetischen Kreisen führen würde.

5 Einfluss auf induktive Stromwandler

Neben Transformatoren und Erdschlusslöschspulen existieren mit Strom- und Spannungswandlern weitere induktive Betriebsmittel in Drehstromnetzen.

In diesem Kapitel wird die Beeinflussung eines 380 kV Stromwandler durch Gleichstrom simuliert und untersucht. Die Simulation basiert auf dem bereits in Kapitel 4 vorgestellten Simulationsmodell. Kernstück der Simulation ist die Abbildung des Eisenkerns mit möglichst realen Eigenschaften. Hierzu zählen, wie in Abschnitt 2.2 beschrieben, besonders die Berücksichtigung von Hysterese und Sättigung. Durch die Simulation im Zeitbereich können in der Nachbearbeitung alle notwendigen Größen ermittelt und berechnet werden.

Die Grundlage des Simulationsmodell ist, das in Kapitel 4 beschriebene Jiles-Atherton-Modell, welches in MATLAB Simscape realisiert wurde. Die Primärseite wird mittels mehrerer magnetischer Kerne mit Sekundärseiten gekoppelt. Diese haben unterschiedliche Schutz- und Messanforderungen. Die Modellbildung wird in Abschnitt 5.1 detaillierter beschrieben.

Um das Simulationsmodell auf seine Genauigkeit hin validieren zu können, sollte der reale Stromwandler unter Laborbedingungen vermessen und die entsprechenden Messungenauigkeiten ermittelt werden. Da dies jedoch nicht möglich war, wird der Ansatz verfolgt, das Simulationsmodell anhand der geltenden Normen und Richtlinien für diesen Wandler zu überprüfen. Die für Stromwandler relevante Norm DIN VDE 61869-2 „Messwandler – Teil 2: Zusätzliche Anforderungen für Stromwandler" gibt für verschiedene Wandlertypen die Grenzwerte vor, welche bezüglich Übersetzungsmessabweichung, Winkelfehler und transientem Verhalten gelten.

Erst nachdem das Simulationsmodell so parametrisiert wurde, dass es die Anforderungen gemäß DIN VDE 61869-2 erfüllt, kommt die Untersuchung hinsichtlich der Gleichstrombeeinflussung.

Abbildung 5-1 zeigt das schematische Vorgehen bei der Modellbildung, Validierung und Auswertung der Ergebnisse. Ausgehend von den zur Verfügung stehenden Daten des Stromwandlers und der einzelnen Kerne wurden die Parameter der Simulation dahingehend angepasst, dass das Simulationsmodell in möglichst vielen Bereichen die Anforderungen nach DIN VDE 61869-2 erfüllt. Dennoch war es nicht möglich das Modell dahingehend zu parametrieren, dass alle Grenzwerte eingehalten werden.

Aufgrund der Annahme, dass der reale Wandler alle Anforderungen der Norm erfüllt, wird bei der Betrachtung der Ergebnisse bei den Anforderungen, welche die Norm im Voraus bereits nicht erfüllten, auf die Differenz zwischen dem Verhalten ohne und mit Gleichstrom eingegangen.

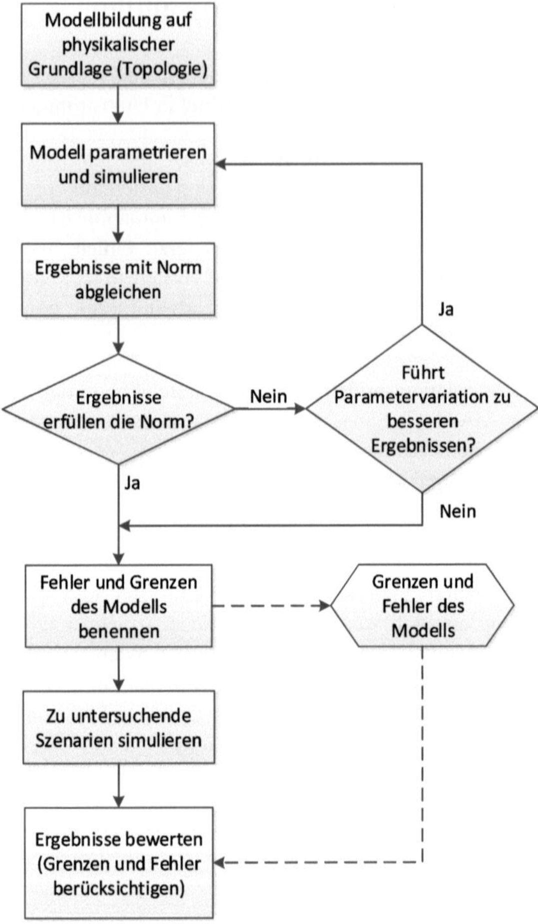

Abbildung 5-1: Schematisches Vorgehen bei der Erstellung, Validierung und Ergebnisbewertung des Simulationsmodells

5.1 Simulationsmodell eines induktiven Stromwandlers

Die Topologie der Simulation ist für eine bessere Übersicht in mehrere funktionale Blöcke / Ebenen unterteilt. Abbildung 5-2 zeigt die oberste Ebene der Simulation mit allen enthaltenen Funktionsblöcken. Der zu simulierende Stromwandler (Current Transformer) bildet hierbei das zentrale Element (grün). Er weist zwei elektrische

Anschlüsse für den primären einphasigen Strom sowie drei weitere Anschlusspaare für die entsprechenden sekundären Ausgangsgrößen auf, diese werden über eine entsprechende Bürde (orange) kurzgeschlossen.

Der Primärstrom durch den Wandler wird durch eine entsprechende Stromquelle (Current Supply) bereitgestellt (gelb). Diese erzeugt einen vorgegebenen Wechselstrom mit Gleichstromanteil (Offset). Der Primärstrom wird damit fest in den Wandler eingeprägt. Um beim Start der Simulation einen stabilen Zustand zu gewährleisten, wird der Strom nicht sprunghaft auf den vorgegebenen Wert gesetzt, sondern mithilfe einer Rampe langsam erhöht (siehe 5.1.1). Die grauen Boxen sind Strom- bzw. Spannungsmesser, anhand derer die Auswertung des Simulationsmodells erfolgt.

Über den „Solver Configuration" Block werden alle Simscape-Parameter für die Simulation eingestellt.

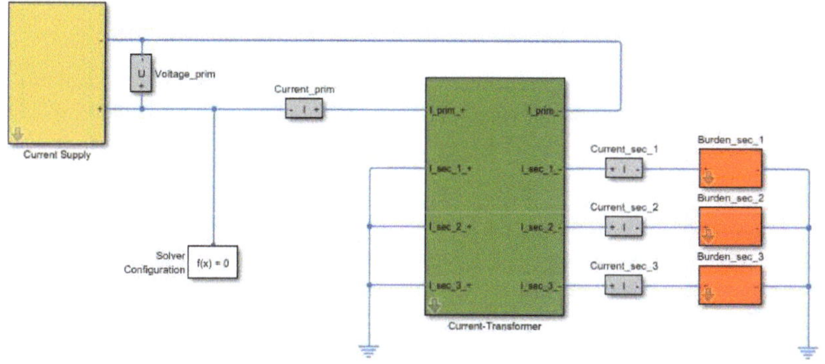

Abbildung 5-2: Oberste Abstraktionsebene der Wandlersimulation
  gelb: Primärstromquelle
  grün: Stromwandler mit einem Messkern und zwei Schutzkernen
  rot: Messbürden an der Sekundärseite

5.1.1 Stromquelle

Die Stromquelle dient zur Erzeugung des primären Prüfstroms. Um einen stabilen Simulationsstart und ein symmetrisches Magnetisieren der Wandlerkerne zu garantieren, wird der Primärstrom nicht direkt auf den Sollwert gesetzt, sondern über eine Zeit von $t_{softstart} = 0,2\ s$ langsam erhöht.

Sowohl für den Wechselanteil, wie auch den Gleichstromanteil können separate Start- und Endwerte definiert werden. Dies ermöglicht eine kontinuierliche Zu- oder Abnahme des Stroms. Die Zeitdauer t_{fade} kann dabei ebenfalls über eine Eingabemaske definiert werden. Abbildung 5-3 zeigt exemplarisch den rampenförmigen Verlauf für den Wechsel- oder Gleichstromanteil.

Werden sowohl für Wechsel- als auch für Gleichstrom unterschiedliche Start- und Endwerte definiert, gilt die Zeitkonstante t_{fade} für beide Verläufe gleichermaßen.

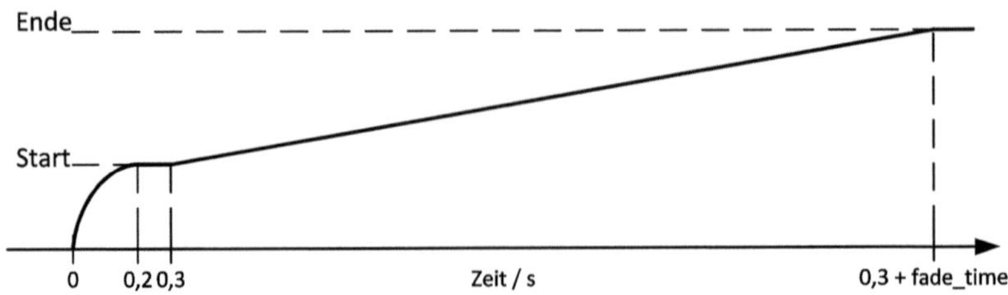

Abbildung 5-3: Rampenfunktion der Stromquelle mit dargestelltem Softstart bis $t = 0,2\ s$

5.1.2   Stromwandler

Abbildung 5-4 zeigt den Aufbau der magnetischen Netzwerke, welche die Wandlerkerne abbildet. Von links nach rechts sind zuerst der 0,2S-Messkern, der 5PR-Schutzkern und der TPZ-Schutzkern dargestellt. Alle Wandler-Netzwerke haben einen gemeinsamen primären Leiter mit der Windungszahl eins. Die Schutzkerne (5PR, TPZ) weisen neben dem Messkern die Besonderheit eines Luftspalts auf. Dieser wird direkt in Reihe mit dem nichtlinearen Eisenkernmodell (orange) geschaltet. Parallel zum Eisenkern (evtl. mit Luftspalt) wird auch ein Streuflusspfad (grün) modelliert, welcher dem Hohlraum zwischen Primärleiter und Kerngehäuse entspricht. Diese Streureaktanz weist, anders als der nichtlineare Eisenkern, ein lineares Verhalten auf.

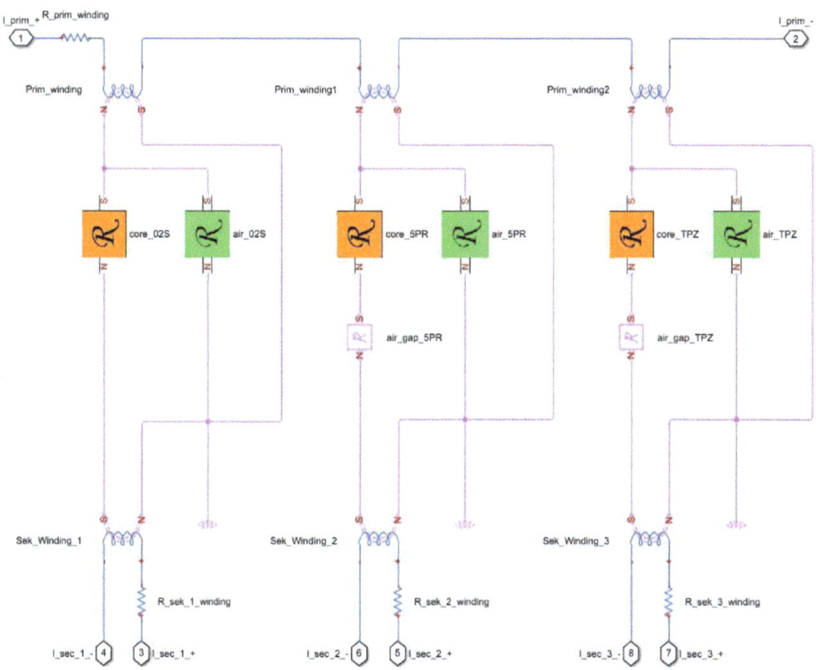

Abbildung 5-4: Wandlermodell der drei Stromwandlerkerne mit Streuflusspfad, Luftspalten, Primär- und Sekundärspulen und Wicklungswiderständen

5.2 Validierung

Um später den Einfluss von Gleichstrom auf einen Wandler beurteilen zu können, ist es notwendig vorab die relevanten Grenzwerte ohne Gleichstrom zu kontrollieren. Etwaige Abweichungen zu den vorgegebenen Grenzwerten können dabei entweder durch angepasste Simulationsparameter korrigiert werden oder müssen bedingt durch die Einschränkungen des Simulationsmodells bei der späteren Bewertung des Einflusses durch Gleichstrom berücksichtigt werden.

5.2.1 Messkern 0,2S

Der Messkern 0,2S weist gemäß den Herstellerangaben die Eigenschaften nach Tabelle 5-1 auf.

Tabelle 5-1: Herstellerangaben für Messkern mit Genauigkeit 0,2S

Bemessungs-Übersetzungsverhältnis	$k_r = 2000{:}1$
Leistung der Bemessungsbürde	$S_r = 10\,VA$
Überstrom-Begrenzungsfaktor	$FS = 5$

Für die Übersetzungsmessabweichung und den maximalen Fehlwinkel gelten für Messkerne der Genauigkeitsklasse 0,2S laut DIN VDE 61869-2 die Grenzwerte nach Tabelle 5-2.

Tabelle 5-2: Kenngrößen von Messwandler der Genauigkeitsklasse 0,2S

Strom in % von Bemessungsstrom	5	20	100	120	200
Übersetzungs-Messabweichung / %	±0,75	±0,35	±0,2	±0,2	±0,2
Fehlwinkel / arcmin	±30	±15	±10	±10	±10

Die Grenzwerte für Übersetzungsmessabweichung und Fehlwinkel müssen dabei nach DIN EN 61869-2 für Bürden von 25-100% der Bemessungsbürde eingehalten werden. Dies entspricht einer minimalen und maximalen Bürde von:

$$S_{r,min} = 10\,VA \cdot 25\% = 2,5\,VA$$
$$S_{r,max} = 10\,VA \cdot 100\% = 10\,VA$$

Die nach DIN EN 61869-2 Abs. 5.6.201.3 geforderte Mindestbürde von $1\,VA$ wird dabei nicht unterschritten. Der $\cos\varphi$ der Bürde wird dabei entsprechend der Norm für $S_r <$ $5\,VA$ zu $\cos\varphi = 1$ und für $S_r \geq 5\,VA$ zu $\cos\varphi = 0,8$ festgelegt.

Abbildung 5-5 zeigt die simulierte Übersetzungsmessabweichung in Abhängigkeit der angeschlossenen Bürde. Deutlich zu sehen ist die unterschiedliche Steigung der Kurve für $S_r < 5\,VA$ und $S_r \geq 5\,VA$ aufgrund des unterschiedlichen Leistungsfaktors ($\cos\varphi$) der Bürden. Durch die Berechnung der Übersetzungsmessabweichung in Abhängigkeit der angeschlossenen Bürde ist es möglich das tatsächliche Übersetzungsverhältnis k des Wandlers zu ermitteln. Durch Variation des tatsächlichen Übersetzungsverhältnisses verschiebt sich die Messabweichung in Abbildung 5-5 nach oben oder unten.

Das tatsächliche Übersetzungsverhältnis wird dabei erreicht, sobald die Übersetzungsmessabweichung für alle zulässigen Bürden innerhalb der zugelassenen Abweichungen ist. Für den aktuellen Messwandler ergibt sich k zu:

$$k = 1996{:}1$$

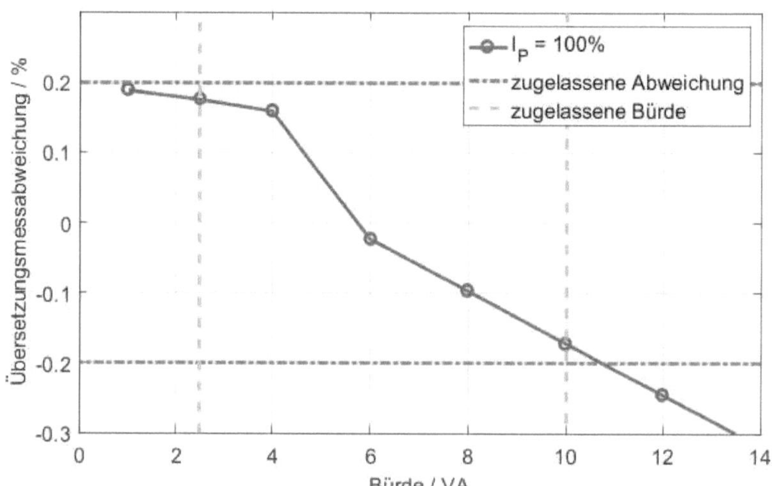

Abbildung 5-5: Übersetzungsmessabweichung des 0,2S Messkerns bei zugelassenen Bürden 25-100% von 10 VA

Um die Übersetzungsmessabweichung auch über den gesamten Strommessbereich zu kontrollieren, wird eine Simulation mit langsam ansteigendem Primärstrom durchgeführt. Abbildung 5-6 zeigt das Simulationsergebnis für Primärströme im spezifizierten Bereich. Exemplarisch werden jedoch nur Bürdenwerte mit 100% (10 VA, $\cos\varphi = 0.8$) und 25% (2,5 VA, $\cos\varphi = 1$) dargestellt. Die Simulation zeigt hier eine volle Übereinstimmung mit den durch die Norm spezifizierten Wandlerdaten.

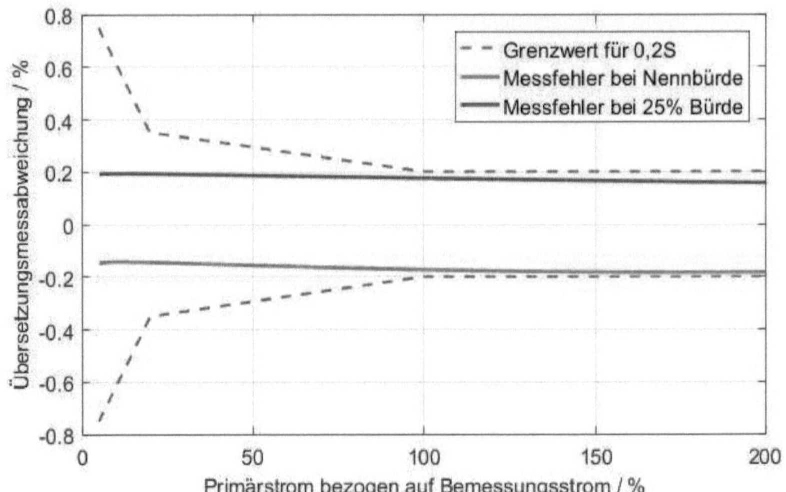

Abbildung 5-6: Übersetzungsmessabweichung des 0,2S Messkerns über den gesamten spezifizierten Strommessbereich

Bei der Kontrolle des Überstrom-Begrenzungsfaktors $FS = 5$ zeigt sich, dass die Gesamtmessabweichung von **10%** (welche den Überstrom-Begrenzungsfaktor definiert) erst bei dem **9,8-fachen** des primären Bemessungsstromes erreicht wird (siehe Abbildung 5-7). Diese Abweichung kann durch eine reduzierte Querschnittsfläche des Kerns oder durch angepasste Sättigungseigenschaften des Kerns korrigiert werden. Abbildung 5-8 zeigt die Gesamtmessabweichung mit verringertem Kernquerschnitt und reduzierter Sättigungsmagnetisierung. Dabei wird nun eine Gesamtmessabweichung von **10%** bereits bei dem fünffachen des Bemessungsstromes erreicht, was den Kenndaten des Wandlers entspricht.

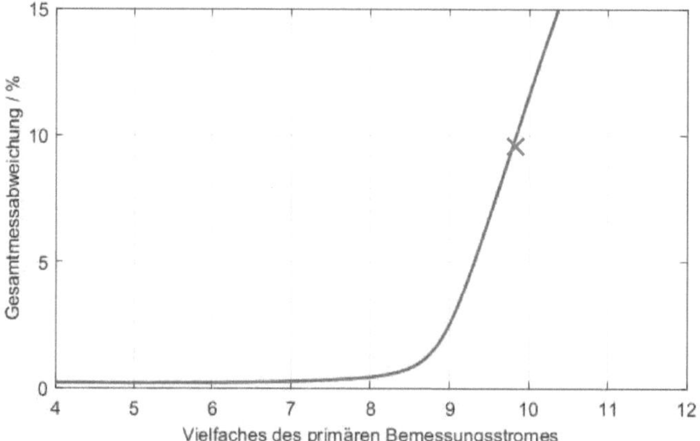

Abbildung 5-7: Gesamtmessabweichung bei Überstrom

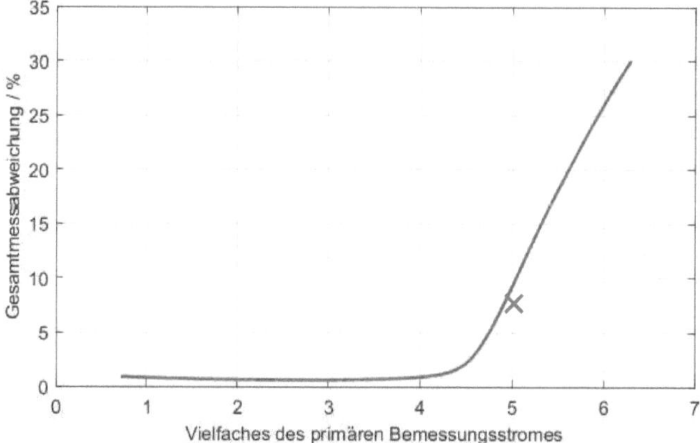

*Abbildung 5-8: Gesamtmessabweichung bei Überstrom mit reduziertem
Kernquerschnitt und Sättigungsmagnetisierung*

Abbildung 5-9 zeigt den Winkelfehler des 0,2S Messkerns in Abhängigkeit des primären Stromes. Deutlich zu sehen ist, dass die Simulation von den zugelassenen Grenzwerten der Norm abweicht und erst ab ca. 180% des primären Nennstromes innerhalb der zugelassenen Grenzen liegt. Es war nicht möglich dieses Fehlverhalten durch eine Parametervariation zu korrigieren.

Bei der Beurteilung des Gleichstromeinflusses muss dieses Fehlverhalten der Simulation daher mitberücksichtigt werden.

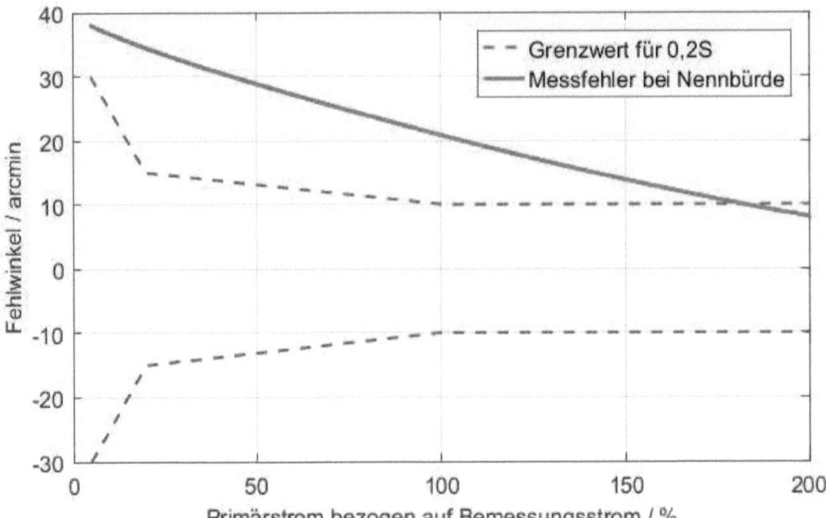

Abbildung 5-9: Fehlwinkel in Winkelminuten über den gesamten Messbereich bis 200% des primären Nennstromes

5.2.2 Schutzkern 5PR

Für den Schutzwandler der Genauigkeitsklasse 5PR gelten nach DIN EN 61869-2 die Anforderungen gemäß Tabelle 5-8.

Tabelle 5-3: Anforderungen an Schutzkerne der Genauigkeitsklasse 5PR

Übersetzungsmessabweichung bei primärem Bemessungsstrom	±1%
Winkelfehler bei primärem Bemessungsstrom	±60 Winkelminuten
Gesamtmessabweichung bei Bemessungs-Genauigkeitsgrenzstrom	5%

Der Genauigkeitsgrenzfaktor (ALF) ist bei dem zu untersuchenden Wandler mit 60 spezifiziert. Dies bedeutet, dass die Gesamtmessabweichung von 5% bis zum 60-fachen des primären Bemessungsstromes also $60 \cdot 2000\,A = 120\,kA$ eingehalten werden muss.

Nach der Simulation des Wandlers ohne Gleichstrombeeinflussung ergeben sich für den 5PR Schutzkern die in Tabelle 5-4 dargestellten Werte.

Tabelle 5-4: Ergebnisse des simulierten 5PR-Schutzwandlers ohne Gleichstrom

Übersetzungsmessabweichung bei primärem Bemessungsstrom	+0,0024%
Winkelfehler bei primärem Bemessungsstrom	+11,72 Winkelminuten
Gesamtmessabweichung bei Bemessungs-Genauigkeitsgrenzstrom	0,288%

Damit werden alle Anforderungen gemäß DIN EN 61869-2 an den Schutzwandler 5PR auch in der Simulation erfüllt.

<u>Hinweis:</u> Um die Gesamtmessabweichung bei Bemessungs-Genauigkeitsgrenzstrom zu simulieren, kann es nötig sein den 0,2S Messkern in der Simulation zu entfernen, da es bedingt durch den großen Primärstrom sonst zu Instabilitäten im Simulationsmodell kommen kann und die Simulation mit einem Fehler abbricht.

5.2.3 Schutzkern TPZ für transientes Übertragungsverhalten

Für den TPZ-Schutzkern, welcher speziell für transiente Übertragungsverhalten konzipiert ist, gelten nach DIN EN 61869-2 die Anforderungen aus Tabelle 5-5.

Tabelle 5-5: Anforderungen an Schutzkerne der Genauigkeitsklasse TPZ

Übersetzungsmessabweichung bei primärem Bemessungsstrom	±1%
Winkelfehler bei primärem Bemessungsstrom	180±18 Winkelminuten
Scheitelwert des Fehlers der Wechselstromkomponente	10%

Tabelle 5-6 zeigt die Abweichungen, die sich für den TPZ-Kern aus der Simulation ergeben.

Tabelle 5-6: Ergebnisse des simulierten TPZ-Schutzwandlers ohne Gleichstrom

Übersetzungsmessabweichung bei primärem Bemessungsstrom	-0.00228%
Winkelfehler bei primärem Bemessungsstrom	208,3 Winkelminuten
Scheitelwert des Fehlers der Wechselstromkomponente	0,444%

Ähnlich wie auch beim 0,2S Messkern wird beim TPZ-Kern der Fehlwinkel durch die Simulation nicht korrekt nachgebildet. Der Fehlwinkel ist hier 10,3 Winkelminuten über dem zulässigen Maximalwinkel von 198 Winkelminuten.

Abbildung 5-10 zeigt den primären und sekundären Stromverlauf bei einem zum Zeitpunkt $t = 0\ s$ auftretenden Kurzschluss mit $I_{PSC} = 40\ kA$. Deutlich zu sehen ist das kurzzeitige Auftreten eines Gleichanteils, welcher kurzzeitig zu einem Messfehler führt. Der Wortlaut Gleichanteil kommt hierbei aus der Norm und bezeichnet ein Überschwingen nach einem transienten Ereignis (Kurzschluss), welches langsam (im Vergleich zur Nennfrequenz) abklingt. Der Fokus in Abbildung 5-10 liegt auf der Differenz zwischen primärer und sekundärer Stromkurve. Das Verhältnis der beiden Y-Achsen Skalierungen entspricht hierbei genau dem Bemessungsübersetzungsverhältnis des Wandlers. Die größte Abweichung zeigt sich hierbei in der zweiten Halbwelle bei $t = 15\ ms$ nach dem simulierten Kurzschluss zum Zeitpunkt $t = 0\ s$.

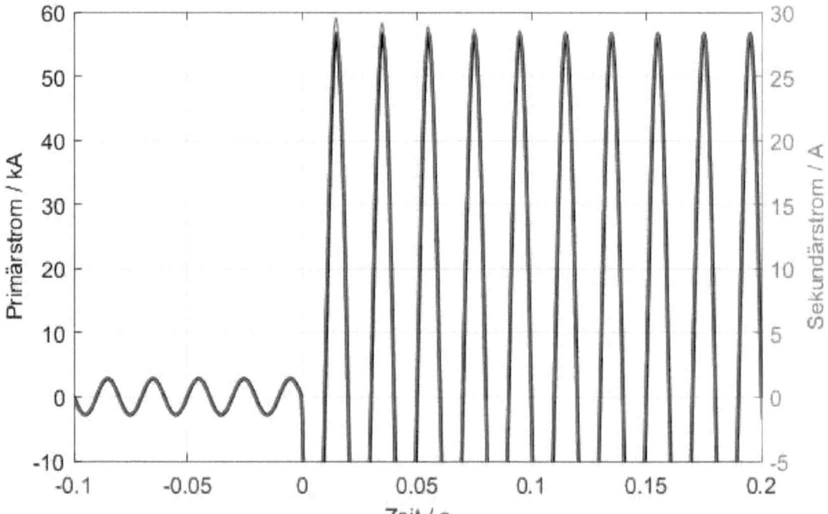

Abbildung 5-10:Primär- und Sekundärstrom des TPZ-Kerns bei primärem Kurzschlussstrom $I_{PSC} = 40kA$

Hinweis:
Die in der Norm DIN EN 61869-2 angegebene Formel zur Berechnung des Scheitelwert des Fehlers der Wechselstromkomponente:

$$\hat{\varepsilon}_{ac} = \frac{\hat{\iota}_{\varepsilon ac}}{\sqrt{2 \cdot I_{psc}}} \cdot 100\ \% \tag{5-1}$$

enthält einen Fehler und wurde in einer späteren Berichtigung auf die folgende Form korrigiert:

$$\hat{\varepsilon}_{ac} = \frac{\hat{\iota}_{\varepsilon ac}}{\sqrt{2} \cdot I_{psc}} \cdot 100\ \% \tag{5-2}$$

5.3   Fehler und Grenzen des Modells

Zusammengefasst ergeben sich für das erstellte Stromwandlermodell die folgenden Abweichungen des Simulationsmodells im Vergleich zur anzuwendenden Norm, welche der Wandler gemäß Herstellerangaben selbstverständlich einhält.

Für den Messkern 0,2S:

- Der Winkelfehler wird erst ab dem 1,8-fachen des Bemessungsstromes eingehalten. Bei einem Bemessungsstrom von $2000\,A$ beträgt der Fehlwinkel $21'$ Winkelminuten, welcher $11'$ Winkelminuten über den Anforderungen der Norm liegt (siehe Abbildung 5-9).
- Der Überstrombegrenzungsfaktor $FS = 5$ wird nicht erreicht. Es ergibt sich ein Überstrombegrenzungsfaktor von $FS = 10$. Durch eine Anpassung der Kernparameter könnte zwar der Faktor $FS = 5$ erreicht werden (siehe Abbildung 5-8), dies hätte jedoch Auswirkungen auf die Übersetzungsmessabweichung, welcher hier eine größere Relevanz zugesprochen wird.

Für den Schutzkern TPZ:

- Bei Bemessungsstrom kommt es zu einer Überschreitung des zugelassenen Winkelfehlers von ca. $10'$ Winkelminuten.

Für den Schutzkern 5PR werden alle Anforderungen der Norm eingehalten.

5.4   Einfluss von Gleichstrom auf induktive Messwandler

Nachfolgend wird nun der Einfluss von Gleichstrom auf die Mess- und Schutzkerne untersucht. In einem Hochspannungsnetz kann es zu sehr unterschiedlichen Gleichstromamplituden kommen, so dass ein großer Bereich von Gleichströmen zu betrachten ist.

Für die Simulation mit Gleichstrom wird der primäre Bemessungsstrom zugrunde gelegt. Hierbei hat der Wandler die strengsten Anforderungen und es kommt am frühesten zu einer Überschreitung der Grenzwerte.

Tabelle 5-7 zeigt die Zeit, nach der sich die Simulation stabilisiert hat. Ab diesem Zeitpunkt können die Ergebnisse für die Auswertung der DC-Beeinflussung verwendet werden. Die Simulationszeiten spiegeln sich in den Abbildung 5-12 bis Abbildung 5-14 wider. Um den stabilen Zustand automatisiert während der Simulation zu überprüfen, wurden die Effektivwerte der jeweiligen magnetischen Flussdichten auf ihre Steigung hin untersucht und mit einem Grenzwert verglichen. Sobald der Grenzwert für alle drei Kerne unterschritten war, wurde nach einer weiteren Sekunde die Simulation beendet.

Tabelle 5-7: Simulationszeiten bis zu einem stabilen Zustand

DC-Strom	Simulationszeit
0,1 A	40 s
1 A	25 s
10 A	9,7 s
100 A	10,4 s

5.4.1 Messkern 0,2S

Tabelle 5-8 zeigt die Simulationsergebnisse mit Gleichstromeinfluss auf den Messwandler der Genauigkeitsklasse 0,2S.

Dabei ist deutlich zu sehen, dass auch kleine Gleichströme $I_{DC} = 0,1\ A$ einen deutlichen Einfluss auf die Messgenauigkeit haben. Die sich einstellende Übersetzungsmessabweichung von $-0,511\ \%$ liegt außerhalb der zulässigen Toleranz von $\pm 0,2\%$. Mit zunehmendem Gleichstrom nimmt auch die Übersetzungsmessabweichung betragsmäßig zu. Bei großen Gleichströmen $I_{DC} = 100\ A$ zeigt sich eine Übersetzungsmessabweichung von $-3,36\%$.

Das negative Vorzeichen der Übersetzungsmessabweichung bedeutet, dass der sekundärseitig gemessene und mithilfe des Bemessungsübersetzungsverhältnisses umgerechnete Strom kleiner ist als der tatsächlich primärseitige Strom. Ein an den Messkern angeschlossener Zähler oder Messeinrichtung misst tendenziell einen zu kleinen Strom, was zu einer Unterschätzung des Stroms bzw. der übertragenen Leistung führen würde.

Tabelle 5-8:   Einfluss von Gleichstrom auf die Übersetzungsmessabweichung und den Fehlwinkel für 0,2S Messkern

DC-Strom	Übersetzungsmessabweichung	Fehlwinkel
0,1 A	-0,511%	22,31' – 22,88'
1 A	-0,55%	22,9' – 24,15'

10 A	-0,88%	21,4'– 39,9'
100 A	-3,36%	-4,4'– 218'

Bei der Berechnung des Fehlwinkels schreibt die Norm kein exaktes Vorgehen, bzw. keine Berechnungsvorschrift vor. Bei der Bestimmung des Fehlwinkels wird in dieser Untersuchung die zeitliche Differenz zwischen dem Nulldurchgang des Primär- und Sekundärstroms berechnet. Aus der absoluten Zeitdifferenz kann mithilfe der Nennfrequenz ($50\ Hz$) auf den Winkelfehler in Winkelminuten umgerechnet werden.

Bedingt durch die Berechnung des Fehlwinkels, kann es vorkommen, dass sich für beide Stromnulldurchgänge (positiv → negativ sowie negativ → positiv) unterschiedliche Fehlwinkel ergeben. In den Ergebnistabellen sind daher immer zwei Fehlwinkel angegeben. Der tatsächliche Fehlwinkel ist zeitlich abhängig und schwankt während einer Sinusperiode zwischen diesen beiden Werten, wobei auch kurzzeitige größere Fehlwinkel nicht ausgeschlossen werden können. Abbildung 5-11 zeigt den zeitlichen Verlauf der beiden abwechselnd auftretenden Fehlwinkel für den 0,2S Messkern und einen Gleichstrom $I_{DC} = 0,1\ A$. Auffallend ist, dass während des Einschwingvorgangs deutlich größere Fehlwinkeldifferenzen entstehen als im eingeschwungenen Zustand nach ca. 40 Sekunden. Inwiefern dieses Verhalten auch dem realen physikalischen Verhalten des Winkelfehlers bei Gleichstrom entspricht, kann nicht beurteilt werden. Hierfür müsste eine Vergleichsmessung mit einem realen Wandler durchgeführt werden.

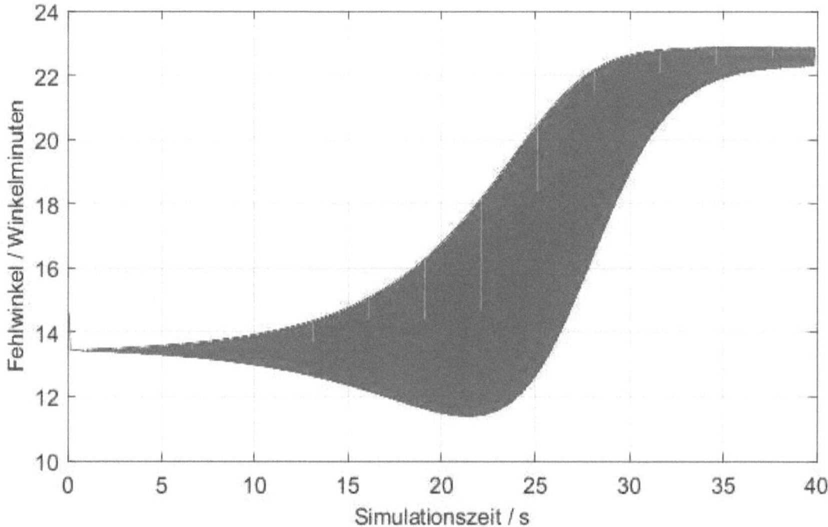

Abbildung 5-11:Entwicklung der Fehlwinkel im positiven und negativen
Nulldurchgang bei 0,1 A Gleichstrom im

Bei der Betrachtung der Fehlwinkel in Tabelle 5-8 zeigt sich, dass bei Gleichströmen von $I_{DC} = 0,1\,A$ und $I_{DC} = 1\,A$ die Abweichung zwischen $22,3'$ und $24,15'$ Winkelminuten liegt. Unter Berücksichtigung des in Abschnitt 5.3 angegeben Winkelfehlers ohne Gleichstrom von $21'$ kommt es bei Gleichströmen bis $I_{DC} = 1\,A$ zu einem zusätzlichen Winkelfehler von $+3,15'$ Winkelminuten. Um beurteilen zu können, ob dieser zusätzliche Winkelfehler bereits zu einer Überschreitung der Grenzwerte führt, müssten auch hier die tatsächlichen Winkelabweichungen des realen Wandlers bekannt sein.

Ab einem Gleichstrom von $I_{DC} = 10\,A$ wird der Winkelfehler des 0,2S Messkerns so groß, dass trotz der Berücksichtigung des Winkelfehlers ohne Gleichstrom mit ziemlicher Sicherheit von einer Überschreitung der Grenzwerte ausgegangen werden kann.

Die in Kapitel 3 erläuterte Verschiebung des magnetischen Arbeitspunktes wird in Abbildung 5-12 deutlich. Die sich sonst symmetrisch um den Nullpunkt bewegende magnetische Flussdichte wird durch den Gleichstrom verschoben und führt so zu einem Arbeitspunkt, welcher sich nahe bzw. innerhalb der Sättigung befindet.

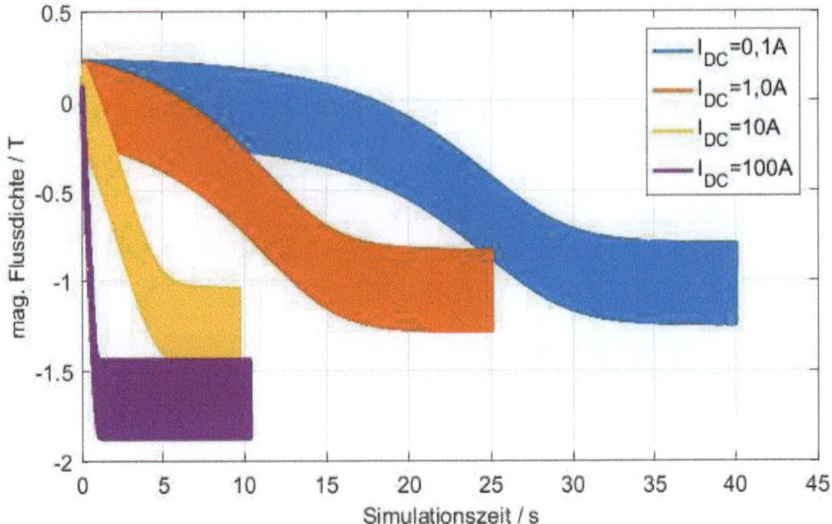

Abbildung 5-12: Einfluss von Gleichstrom auf die mag. Flussdichte im Eisenkern des 0,2S Messkerns und auf die Simulationszeit

5.4.2   Schutzkern 5PR

Der für den Schutzkern 5PR geltende Grenzwert für die Übersetzungsmessabweichung beträgt ±1 %. Dieser wird auch bei einer Gleichstrombeeinflussung bis $I_{DC} = 100\,A$ nicht überschritten. Da der 5PR Schutzkern bei der Validierung durch die Grenzwerte der Norm alle Anforderungen eingehalten hat, können die mit Gleichstrom ermittelten Abweichungen direkt mit den Grenzwerten der Norm verglichen werden. Generell zeigt sich beim 5PR Schutzkern erst ab sehr großen Gleichströmen eine minimale Beeinflussung. Die einzige Abweichung zu den Vorgaben welche durch die DIN EN 61869-2 gemacht werden, zeigt sich bei einem Gleichstrom von $I_{DC} = 100\,A$. Hier weicht der Fehlwinkel von den vorgegebenen ±60' Winkelminuten ab. Die Gesamtmessabweichung bei Bemessungsgenauigkeitsgrenzstrom liegt mit 0,306% dabei immer noch deutlich unter den geforderten 5%.

Die geringere Auswirkung von Gleichstrom auf den 5PR Schutzkern im Vergleich mit dem 0,2S Messkern lässt sich auf den Luftspalt im Kern zurückführen. Durch diesen reduziert sich zum einen die Amplitude der magnetischen Flussdichte, siehe Abbildung 5-12 und Abbildung 5-13. Zum anderen wird durch den zusätzlichen magnetischen Widerstand des Luftspalts der Einfluss des Gleichstroms reduziert. Bei identischen

Gleichströmen zeigen die magnetischen Flussdichten in Abbildung 5-13 deutlich kleinere Amplituden.

Tabelle 5-9: Einfluss von Gleichstrom auf Schutzkern 5PR

DC-Strom	Übersetzungs-Messabweichung	Fehlwinkel	Gesamtmessabweichung bei Bemessungs-Genauigkeitsgrenzstrom
0,1 A	0,0032 %	11,6' – 11,8'	0,288 %
1 A	0,0032 %	10,5' – 12,93'	0,288 %
10 A	0,00322 %	-0,43' – 23,87'	0,289 %
100 A	0,00136 %	-109,7' – 133,4'	0,306 %

Ein deutlicher Unterschied zum 0,2S Messkern zeigt sich vor allem bei kleinen Gleichströmen. Während beim 0,2S Kern auch kleine Gleichströme zu einer deutlichen bzw. großen Verschiebung der magnetischen Flussdichte führen zeigt sich beim 5PR Schutzkern erst ab sehr großen Gleichströmen eine signifikante Verschiebung. In Kombination mit der ebenfalls kleineren Amplitude der magnetischen Flussdichte ist der Arbeitsbereich des 5PR-Kerns trotz Gleichstrombeeinflussung weit von der Sättigung und damit verbundenen Auswirkungen entfernt.

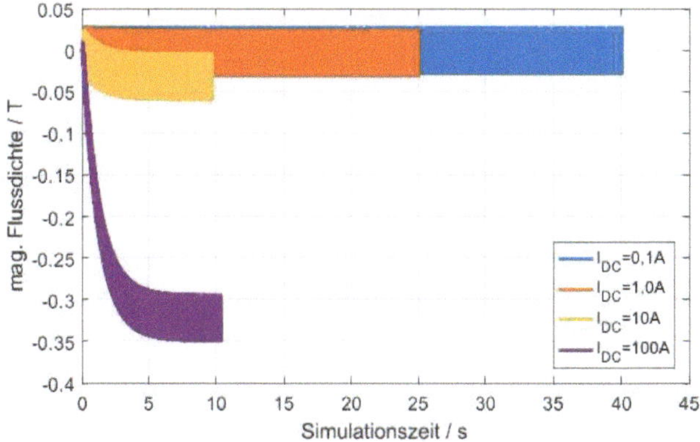

Abbildung 5-13: Einfluss von Gleichstrom auf die mag. Flussdichte im Eisenkern des 5PR Schutzkerns und auf die Simulationszeit

5.4.3   Schutzkern TPZ

Der TPZ-Schutzkern hat, wie der 5PR Schutzkern, einen Luftspalt im Kern, welcher den Einfluss von Gleichstrom deutlich hemmt. Aufgrund der größeren Dimensionierung des Luftspalts im Vergleich zum 5PR Schutzkern zeigt der TPZ-Kern eine noch kleinere Beeinflussung durch Gleichstrom.

Bei der Betrachtung der Übersetzungsmessabweichung in Tabelle 5-10 ist keine Beeinflussung durch den Gleichstrom zu erkennen.

Bei der Betrachtung des Fehlwinkels zeigt sich dasselbe Verhalten wie beim 0,2S Messkern. Unter der Berücksichtigung des Fehlwinkels ohne Gleichstrom aus Abschnitt 5.3 zeigt sich bis zu Gleichströmen von $I_{DC} = 1\,A$ nur eine minimale Zunahme des Fehlwinkels von $+1,2'$ Winkelminuten. Unter der Annahme, dass der reale Wandler die Grenzwerte der Norm ohne Gleichstrom einhält, kann davon ausgegangen werden, dass der Grenzwert auch hier noch eingehalten wird. Eine verlässliche Aussage hierzu ist jedoch nur möglich, wenn der tatsächliche Winkelfehler des TPZ-Kerns bekannt ist.

Ab Gleichströmen von $I_{DC} = 10\,A$ kann von einer deutlichen Beeinflussung des Fehlwinkels durch den Gleichstrom ausgegangen werden. Selbst bei der Berücksichtigung des Fehlers aus Abschnitt 5.3 ist der Grenzwert der Norm mit großer Wahrscheinlichkeit überschritten.

Der „Scheitelwert des Fehlers der Wechselstromkomponente" zeigt ebenso wie die Übersetzungsmessabweichung keine Beeinflussung durch Gleichstrom und ist unterhalb des Grenzwertes von 10 %.

Tabelle 5-10: Einfluss von Gleichstrom auf TPZ-Schutzkern

DC-Strom	Übersetzungs-Messabweichung	Fehlwinkel	Scheitelwert des Fehlers der Wechselstromkomponente	
			$\varphi = 0°$	$\varphi = 180°$
0,1 A	0,0126 %	208,2' – 208,4'	0,4442 %	2,6173 %
1 A	0,0126 %	207,1' – 209,5'	0,4442 %	2,6173 %
10 A	0,0126 %	196,1' – 220,5'	0,4442 %	2,6173 %
100 A	0,0126 %	86,73' – 329,9'	0,4442 %	2,6173 %

Ähnlich wie beim 5PR Schutzkern zeigt sich in Abbildung 5-14 bedingt durch den künstlichen Luftspalt im Eisenkern auch beim TPZ-Schutzkern keine signifikante Beeinflussung bzw. Verschiebung der magnetischen Flussdichte bei kleinen Gleichströmen. Durch den größeren Luftspalt reduziert sich die Amplitude der magnetischen Flussdichte sowie die Verschiebung durch den Gleichstrom nochmals deutlich.

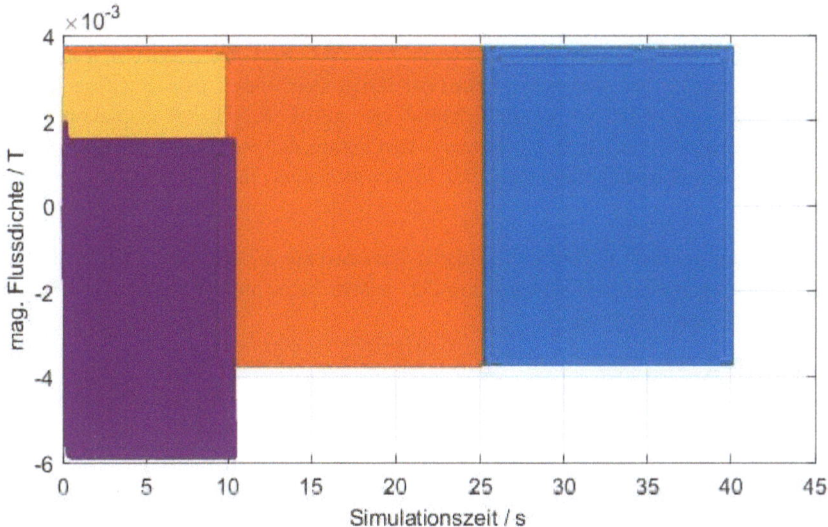

Abbildung 5-14: Einfluss von Gleichstrom auf die mag. Flussdichte im Eisenkern des TPZ Schutzkerns und auf die Simulationszeit

6 Messung und Identifikation von Gleichströmen in Höchstspannungsnetzen

Die direkte Messung von Gleichströmen in Hochspannungsleitungen kann nicht mit herkömmlichen induktiven Stromwandlern erfolgen, da diese prinzipbedingt nur für Wechselstrom funktionieren. Infolgedessen ist eine Messung auf Hochspannungs-potential nicht trivial und nur unter erheblichem Aufwand möglich. [28] [7]

Eine einfache Möglichkeit hingegen ist die Messung des Gleichstroms an geerdeten Sternpunkten von Transformatoren. Dies hat den großen Vorteil, dass die Messung auf Erdpotential durchgeführt werden kann und keine aufwändige Isolation oder Datenübertragung notwendig ist. Je nach Ausführung der Sternpunkterdung ist sogar eine Montage und Inbetriebnahme des Messsystems im laufenden Betrieb (online) möglich.

Ein Nachteil der Messung im Sternpunkt ist, dass dort nur die Summe der Gleichströme aller Phasen gemessen werden kann. Für die meisten Betrachtungen und Auswertungen ist dies jedoch ausreichend.

Indirekte DC-Messung
Durch die Sättigung von Transformatiren infolge von Gleichstrom entstehen im Netz Harmonische im Strom, welche mit einem Stromwandler gemessen werden können. Die so gemessenen Harmonischen geben jedoch keinen Rückschluss über die tatsächliche Größe des Gleichstroms. Diese Methode kann lediglich als Indikator benutzt werden [29]. Neben der Messung der Harmonischen Ströme können auch die Kesselschwingungen (Vibrationen) und die Geräusche eines Transformators als Indikator herangezogen werden. [7] Der Vorteil dieser Methodik ist, dass hierfür kein Kontakt mit der Hochspannungsseite erforderlich ist.

6.1 DC-Messgerät für Transformatorsternpunkte

Abbildung 6-1 und Abbildung 6-2 zeigen das entwickelte Messgerät für die direkte Messung des Gleichstromes im Transformatorsternpunkt. Die Basis bildet ein robustes und wetterfestes Metallgehäuse nach IP66 Standard. Die Anschlüsse für Erdung und Transformatorsternpunkt wurden passend zum Erdungssystem des Übertragungsnetzbetreibers gewählt, in dessen Netz das Messgerät installiert wird. Dadurch kann das Messgerät schnell mit Standardequipment installiert werden. Abbildung 6-1 b) zeigt die Installation des Messgeräts der 1. Generation an einem Transformatorsternpunkt. Das Messgerät wurde hierbei mit einer Erdungsgarnitur im laufenden Betrieb mit dem Sternpunkt verbunden. Durch die anschließende Öffnung des Erders wurden alle Ströme durch den Sternpunkt durch das Messgerät geleitet.

a)   *b)*

Abbildung 6-1:   DC-Messgerät mit Anschlüssen für Erdung und
Transformatorsternpunkt
a) 2. Generation in robustem Metallgehäuse
b) Installation der 1. Generation an Sternpunkt mit Erdungsgarnitur

Da die Erdung eines Transformators eine wichtige Systemeigenschaft darstellt, muss das Messgerät diesen auch in allen Betriebszuständen, so auch in Fehlerfällen, gewährleisten können. Das bedeutet, dass bei einem einpoligen Fehler auf der Freileitung, der Kurzschlussstrom einer Phase als Ausgleichsstrom über den Sternpunkt fließt. Für diesen Fall wurden die Anschlüsse und interne Verkabelung auf einen Kurzschlussstrom von **15 kA** dimensioniert. Ziel der Dimensionierung ist hierbei nur die elektrische bzw. mechanische Stabilität der Erdung zu gewährleisten. Die Auswirkungen eines solchen Stromes auf das Messsystem selbst wurden nicht untersucht.

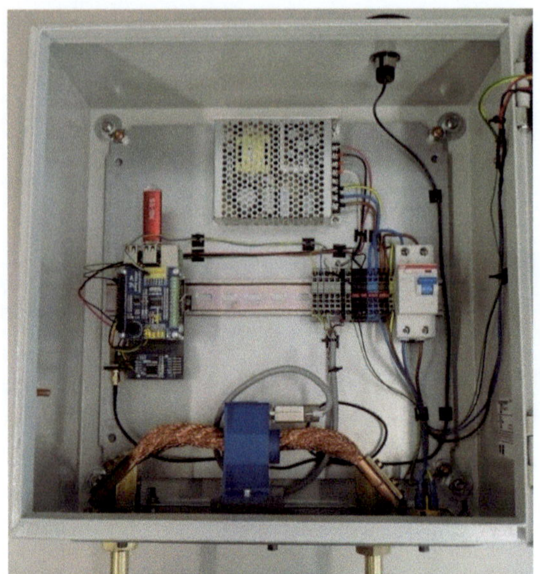

*Abbildung 6-2: Aufbau des DC-Messgeräts der 2. Generation bestehend aus
Raspberry Pi mit AD-Wandler Erweiterung und Echtzeituhr, Netzteil,
Sicherung und Stromwandler*

Der verwendete Stromwandler der Firma LEM *IT 65-S ULTRASTAB* basiert auf dem *closed loop zero flux* Prinzip und kann dadurch sowohl Wechsel- als auch Gleichstrom messen [30]. Tabelle 6-1 zeigt die wichtigsten Kenngrößen des Stromwandlers.

Der eingesetzte AD-Wandler ADS1256 [31] verfügt über eine 24 Bit Auflösung und tastet das Messsignal mit $7,5\ kSPS$ ab. Dadurch können neben Gleichstrom auch noch Wechselanteile mit bis zu $3,75\ kHz$ detektiert werden. Durch die Möglichkeit zwei Eingänge zu kombinieren, um so einen differentiellen Eingang zu erzeugen, ist es möglich, das Ausgangssignal des Stromwandlers mit $\pm100mA$ direkt über einen Messshunt an den AD-Wandler anzuschließen. Der hier eingesetzte Messshunt beträgt $20\ \Omega$ und weist eine minimale Temperaturabhängigkeit von $\pm3\ ppm/°C$ auf [32]. Bei einer Temperaturdifferenz von $\Delta t = 40°C$ entspricht das einem maximalen Fehler von $0,012\%$. Der AD-Wandler bietet zudem die Möglichkeit einer automatisierten Offsetkorrektur. Dadurch kann die angegebene Offsetabweichung des Stromwandlers bei Bedarf korrigiert werden. Da bei der Kalibrierung der Offsetkorrektur jedoch sichergestellt werden muss, dass kein Strom durch den Stromwandler fließt, ist dies nur möglich, wenn das Messgerät während der Installation noch nicht an den Sternpunkt des Transformators angeschlossen ist.

Tabelle 6-1: Kenngrößen Stromwandler LEM IT 65-S

Messbereich DC	$\pm 60\ A$
Messbereich AC+DC	$\pm 85\ A$
Temperaturbereich	$-40°C$ bis $+85°C$
Bandbreite (± 1dB)	$600\ kHz$
Übersetzungsverhältnis	$1:600$
max. Fehler	$\pm 3\ ppm\ (\pm 0,18\ mA\ @\ 60\ A)$
max. Offsetabweichung	$2,5\ \frac{ppm}{Monat}\ (0,15\ \frac{mA}{Monat}\ @\ 60\ A)$

Als zentrale Rechen- und Steuereinheit kommt ein Raspberry Pi 3 zum Einsatz. Dieser wird um eine Echtzeituhr, den bereits angesprochenen AD-Wandler und eine unterbrechungsfreie Stromversorgung für ein sicheres Herunterfahren, erweitert.

Für die Konfiguration und den Download der Messdaten stellt das Messgerät eine WLAN-Schnittstelle mit einer Webseite bereit. Dadurch kann das Messgerät mit jedem mobilen Endgerät (Handy, Tablet, Laptop, …) bedient werden.

6.2   GIC-Entstehung

Geomagnetisch induzierte Ströme (GIC) entstehen durch kosmische Einflüsse der Sonne auf die Erde. Durch die Aktivitäten auf der Sonnenoberfläche, den sog. Sonnenstürmen, kommt es regelmäßig zu Koronalen Masseauswürfen (engl. coronal mass ejection, CME) welche umgangssprachlich auch als Sonneneruptionen bezeichnet werden. Die Häufigkeit der Sonnenstürme variiert dabei durchschnittlich in einem 11 Jahreszyklus [33]. Abbildung 6-4 zeigt die Anzahl der Tage mit einem geomagnetischen Sturm pro Jahr. Dabei ist deutlich die erhöhte Sonnenaktivität in den Jahren 2003 und 2015 sowie die reduzierte Sonnenaktivität 2009 und 2020 zu sehen.

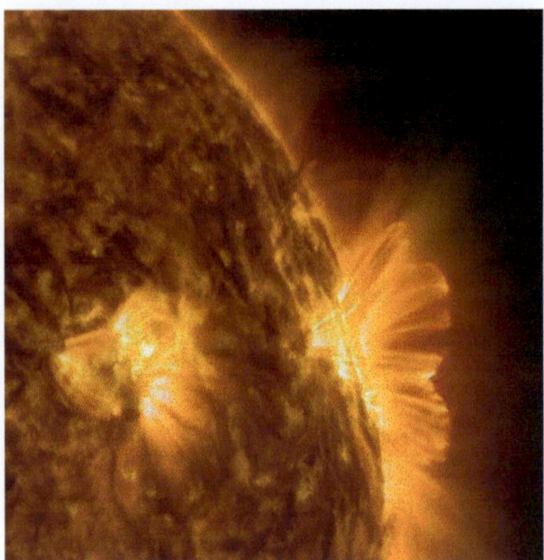

Abbildung 6-3: Sonnensturm am 22. Mai 2013, aufgenommen vom NASA Solar Dynamics Observatory [34]

Abbildung 6-3 zeigt einen solchen Sonnensturm, welcher vom NASA Solar Dynamics Observatory [34] im Jahr 2013 aufgenommen wurde. Neben der großen Menge geladener Teilchen, die dabei ins Weltall geschleudert wird, werden auch Röntgenstrahlen sowie hochenergetische Protonen emittiert. [35]

Nur ein Bruchteil der durch CME ins Weltall geschleuderten Partikel trifft dabei die Erde. Je nach Geschwindigkeit erreichen die Partikel nach 1-4 Tagen die Erde. Bedingt durch die Lorentz-Kraft, welche entsteht, wenn sich Ladungen in einem magnetischen Feld bewegen, werden die Partikel durch das Erdmagnetfeld abgelenkt. Durch die Interaktion zwischen geladenen Partikeln und dem Erdmagnetfeld kommt es zu dessen Verformung. Die abgelenkten Partikel bewegen sich entlang der Magnetfeldlinien in Richtung der Pole, an denen das Magnetfeld senkrecht zur Erdoberfläche orientiert ist und treten dort in die Ionosphäre der Erde ein. Durch die Wechselwirkung zwischen geladenen Partikeln und der Ionosphäre kommt es zu Leuchterscheinungen, welche als Aurora borealis bzw. Polarlicht bezeichnet werden.

Durch das Ablenken der geladenen Partikel kommt es zu einer Verformung des Erdmagnetfeldes. Diese Verformung ist lokal auf der Erde durch eine Änderung des Erdmagnetfeldes messbar und wird als geomagnetischer Sturm bezeichnet. Dabei wird je nach Messverfahren die absolute magnetische Flussdichte $\vec{B}$ oder die Änderungsrate der magnetischen Flussdichte ermittelt. Je nach Intensität des geomagnetischen Sturms kann dieser in die Kategorien G1 bis G5 eingestuft werden. Zusätzlich zur Anzahl der Tage mit geomagnetischen Stürmen zeigt Abbildung 6-4 auch die jeweils zugehörige

Kategorie, in die die Stürme eingeordnet wurden. Die Kategorien G1 bis G5 entsprechen dabei der Sonnensturmskala der National Oceanic and Atmospheric Administration (NOAA), welche die Behörde für Wetter- und Ozeanografie der Vereinigten Staaten ist. Tabelle 6-2 zeigt eine Übersicht der Kategorien. Die möglichen Auswirkungen auf Energieübertragungsnetze gehen dabei von schwachen Spannungsschwankungen in der Kategorie G1 bis zu großflächigen Problemen bei der Spannungshaltung, Fehlauslösungen von Schutzfunktionen, Transformatorschäden und Blackouts in der Kategorie G5.

Eine etwas feinere Skala für geomagnetische Stürme bildet der K-Index, der 1949 von Julius Bartels definiert wurde. Der K-Index umfasst 9 Hauptstufen, welche jeweils noch einmal mit +, 0 und - unterteilt werden. Die Basis des K-Index bilden die Magnetfeldmessungen von 13 Observatorien. Durch die Differenz zwischen maximalem und minimalem Magnetfeld sowie einem Korrekturfaktor je Observatorium wird alle drei Stunden ein aktualisierter globaler Kp-Index berechnet. [36] Tabelle 6-2 zeigt auch die Zuordnung der Kategorien G1 bis G5 zu den entsprechenden K-Index Werten.

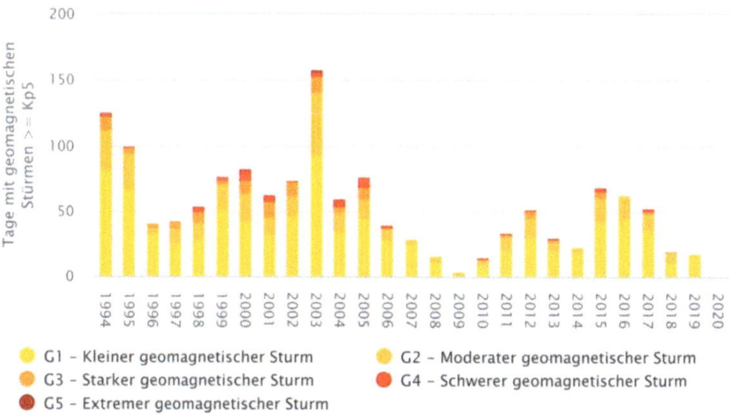

Abbildung 6-4: Anzahl der Tage mit einem geomagnetischen Sturm pro Jahr
Nach dem finalisierten Kp-Index des GFZ Potsdam [33]

Tabelle 6-2: Skala für geomagnetische Stürme der NOAA [35]

Skala	äquiv. Kp-Index	Effekte auf Energiesysteme	Durchschn. Häufigkeit in 11-Jahreszyklus
G5 (extreme)	= 9	Großflächige Probleme bei der Spannungshaltung und Probleme in Schutzfunktionen. Möglicher Kollaps einzelner Netze bis hin zu Blackouts. Mögliche Transformatorschäden.	4
G4 (schwerwiegend)	≥ 8	Mögliche großflächige Probleme bei der Spannungshaltung und evtl. Fehlauslösungen von Schutzfunktionen.	100
G3 (stark)	≥ 7	Spannungsbandverletzungen und evtl. Fehlauslösungen von Schutzfunktionen.	200
G2 (mäßig)	≥ 6	Spannungsbandverletzungen in Regionen in hohen Breitengraden. Langanhaltende Stürme können Transformatorschäden verursachen.	600
G1 (schwach)	≥ 5	Schwache Schwankungen im Netz.	1700

6.2.1 Geoelektrisches Feld

Die Variation des magnetischen Feldes kann auf einer horizontalen Ebene als magnetische Welle interpretiert werden. Im freien Raum bildet sich dadurch eine transversale elektromagnetische Welle mit orthogonal angeordnetem magnetischem und elektrischem Feld. Der Poynting-Vektor $\vec{S}$ steht dabei senkrecht auf der Erdoberfläche und kennzeichnet einen Energiefluss in die Erde. [37]

$$\vec{S} = \vec{E} \times \vec{H} = \vec{E} \times \left(\frac{\vec{B}}{\mu} \right) \tag{6-1}$$

Der Zusammenhang zwischen elektrischem und magnetischem Feld wird durch den Feldwellenwiderstand Z_w beschrieben. Dieser setzt sich allgemein aus den magnetischen und elektrischen Feldkonstanten sowie den materialabhängigen Größen Permeabilitätszahl, Permittivitätszahl und elektrischer Leitfähigkeit zusammen. In dieser allgemeinen Form ist der Feldwellenwiderstand komplex und frequenzabhängig. Für das Vakuum vereinfacht sich der Feldwellenwiderstand zu Z_0, welcher nur aus der elektrischen und magnetischen Feldkonstante besteht. Für elektrisch nichtleitende Materialien vereinfacht sich der Feldwellenwiderstand ebenfalls und wird frequenzunabhängig.

$$Z_w(\omega) = \sqrt{\frac{j\omega\mu_0\mu_r}{\sigma + j\omega\varepsilon_0\varepsilon_r}} \qquad (6\text{-}2)$$

$$Z_0 = \sqrt{\frac{\mu_0}{\varepsilon_0}} \qquad (6\text{-}3)$$

Mit:			
	ω	Kreisfrequenz	$\dfrac{1}{s}$
	μ_0	Magnetische Feldkonstante $= 4\pi \cdot 10^{-7}$	$\dfrac{N}{A^2}$
	μ_r	Permeabilitätszahl	
	ε_0	Elektrische Feldkonstante $= 8{,}854 \cdot 10^{-12}$	$\dfrac{As}{Vm}$
	ε_r	Permittivitätszahl	
	σ	Elektrische Leitfähigkeit	$\dfrac{S}{m}$

Durch die Variation des magnetischen Feldes bedingt durch geomagnetische Stürme und den Feldwellenwiderstand der Erde ergibt sich ein elektrisches Feld auf der Erdoberfläche. Dieses wird als geoelektrisches Feld bezeichnet.

$$\vec{E} = -grad\ \varphi = -\nabla\varphi \qquad (6\text{-}4)$$

$$U_{GIC} = \int_{p_1}^{p_2} \vec{E}_{geo} \cdot d\vec{s} = \varphi_{p1} - \varphi_{p2} \qquad (6\text{-}5)$$

Mit: p_1, p_2 Beliebige Punkte auf der Erdoberfläche

             $\vec{E}_{geo}$ Geoelektrisches Feld $\dfrac{V}{m}$

Bedingt durch das geoelektrische Feld entsteht auf der Erdoberfläche ein Potentialfeld φ und zwischen zwei Punkten auf dem Potentialfeld eine Spannung. Diese Spannung wird nachfolgend als U_{GIC} bezeichnet. Dies bedeutet, dass während eines geomagnetischen Sturmes zwischen den geerdeten Sternpunkten zweier Transformatoren eine Spannung erzeugt wird. Abbildung 6-5 veranschaulicht diesen Zusammenhang.

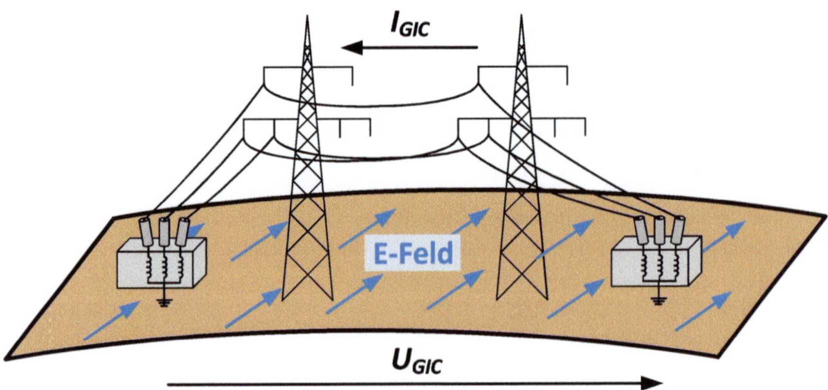

Abbildung 6-5: Geoelektrisches Feld zwischen zwei geerdeten Transformatoren mit resultierender Spannung U_{GIC}

Durch die ohm'schen Widerstände der Komponenten in der Leiterschleife Erdungswiderstand → Transformator → Leitung → Transformator → Erdungswiderstand ergibt sich so ein Strom I_{GIC}, welcher durch die Transformatoren und Leitungen fließt.

Da in vermaschten Übertragungsnetzen oft mehrere Leitungen an einen Transformator angeschlossen sind, ergeben sich die tatsächlich durch den Transformator fließenden

GIC-Ströme durch Überlagerung der GIC-Ströme aller an den Transformator angeschlossenen Leitungen. In Abschnitt 6.3.2 wird die Berechnung konkreter erläutert.

6.2.2 Eigenschaften von GIC-Strömen

Bedingt durch die Entstehung aufgrund geomagnetischer Stürme und der Betrachtung als transversale Welle ergeben sich für GIC-Ströme bestimmte Eigenschaften. [29]

- **mittelwertfrei**
  Bedingt durch das Induktionsgesetz hat nur die Änderung des magnetischen Feldes einen Einfluss auf das elektrische Feld. Über einen Zeitraum, welcher deutlich größer als die maximale Periodendauer ist, sind GIC-Ströme mittelwertfrei. Besitzen also keinen Gleichanteil.

- **Frequenzbereich**
  GIC-Ströme treten in einem Frequenzbereich von ca. $30\ \mu Hz$ bis $2\ mHz$ auf. [29] Abbildung 6-6 zeigt das Spektrogramm der magnetischen Flussdichte in X-Richtung im Februar 2016 in Wingst. Zwischen dem 15.-20. Februar sind deutlich mehrere geomagnetische Stürme zu erkennen. Die größte Amplitude zeigt sich hier bei 100 bis $300\ \mu Hz$ und wurden der Kategorie 5+ im Kp-Index und entsprechend G1 in der NOAA Skala zugeordnet.

- **quasi Gleichstrom**
  Obwohl GIC-Ströme Wechselströme sind, können diese in $50\ Hz$ und $60\ Hz$ Netzen als Gleichströme betrachtet werden. Die niedrigen Frequenzen von GIC-Strömen können so als langsam variierender Gleichstrom betrachtet werden. Alle Effekte an induktiven Betriebsmitteln, die sich durch Gleichstrom ergeben, treten auch durch GIC-Strömen auf.

- **stärker in Polnähe**
  Durch die Ablenkung der geladenen Partikel entlang des Erdmagnetfeldes in Richtung der Pole können diese dort tiefer in die Atmosphäre eindringen. Dadurch kommt es zu einer stärkeren Interaktion mit der Atmosphäre (sichtbarer Effekt sind Polarlichter) und zu größeren GIC-Strömen. Dadurch sind vor allem Stromnetze in diesen Regionen (Canada, Norwegen, Schweden, …) besonders betroffen. [38]

- **nicht auf Energieübertragungsnetze beschränkt**
  GIC-Ströme treten immer dann auf, wenn zwei Punkte auf der Erdoberfläche mit großer Entfernung über einen Leiter verbunden werden. In Energieübertragungsnetzen betrifft das auch Hochspannungs-Gleichstrom Übertragungen (HGÜ) wie z.B. die in Deutschland aktuell geplanten Projekte ULTRANET und SüdLink. Neben Energieübertragungsnetzen werden z.B. auch bei Pipelines, Bahnstrecken und Telekommunikationsnetzwerken große Entfernungen mit leitfähigen Materialien überbrückt.

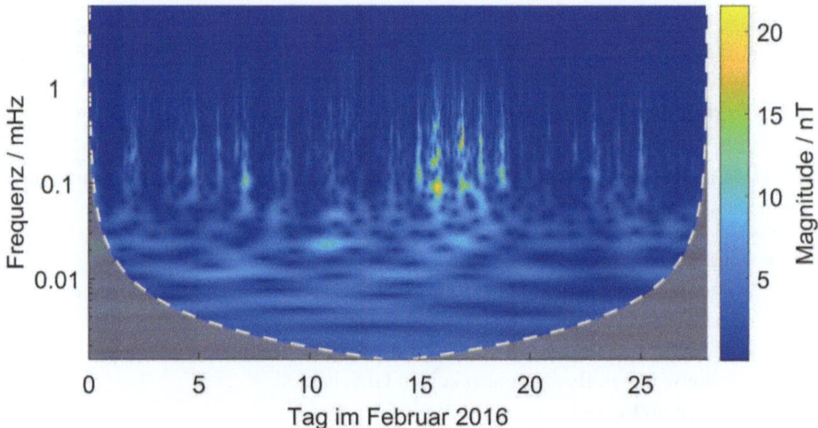

Abbildung 6-6: Spektrogramm der magnetischen Flussdichte in X-Richtung im
Februar 2016 (gemessen in Wingst)
gestrichelte Linie: Cone of influence (COI) zur Abgrenzung gültiger
Ergebnisse einer kontinuierlichen Wavelet-Transformation

6.3   GIC-Berechnung

Wie in Abschnitt 6.2 erläutert, entstehen GIC-Ströme durch ein geoelektrisches Feld. Bei der Berechnung von GIC-Strömen stellt die Ermittlung des geoelektrischen Feldes daher eine zentrale Rolle dar. In einem zweiten Schritt können mithilfe des geoelektrischen Feldes und den geografischen sowie elektrischen Daten des Übertragungsnetzes die GIC-Ströme in Leitungen und Transformatoren berechnet werden. [38]

Abbildung 6-7 veranschaulicht die Verarbeitung der Daten. Bei der Interpolation des Magnetfeldes wurde die Auflösung des 3-dimensionalen Leitfähigkeitsmodells verwendet. Dadurch kann für jedes Segment des Modells ein individuelles Magnetfeld in X- und Y-Ausrichtung verwendet werden.

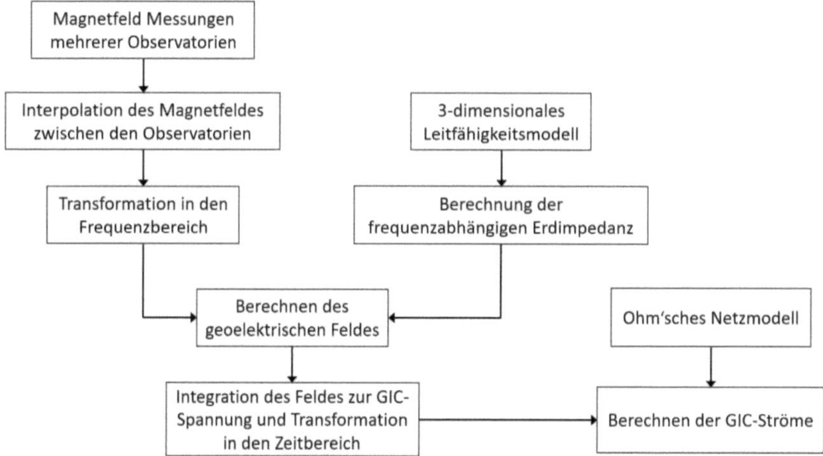

Abbildung 6-7: Benötigte Daten und Schritte zur Berechnung vom GIC-Strömen

6.3.1 Geoelektrisches Feld

Das geoelektrische Feld wird aus dem Magnetfeld bzw. der magnetischen Flussdichte und den geologischen Parametern des Erdbodens berechnet. Für die Berechnung stehen Magnetfelddaten von vier Observatorien zur Verfügung. Abbildung 6-11 zeigt Deutschland und die vier Observatorien in Wingst (WNG), Niemegk (NGK), Schiltach (Black Forest Observatorium, BFO) und Dourbes (Belgien, DOU). Die Messdaten dieser und weltweit 131 Observatorien werden über das INTERMAGNET Programm [39] zentral erfasst und für wissenschaftliche Zwecke zur Verfügung gestellt. Für die aktuelle Berechnung werden Minutenwerte der vier Observatorien benutzt. Dies entspricht dem Standard für die Aufzeichnung geomagnetischer Daten. Daraus ergibt sich auch die maximale Frequenz des Spektrogramms in Abbildung 6-6 mit $8,3\,mHz$. Die Auflösung der gemessenen magnetischen Flussdichte beträgt $0,1\,nT$ über den gesamten Dynamikbereich von bis zu $8000\,nT$. Neben dem skalaren Betrag der Flussdichte messen die meisten Observatorien die magnetische Flussdichte als Vektor in X, Y- und Z-Richtung. X entspricht dabei der Nord-Süd Achse, mit positiver Orientierung nach Süden. Y entspricht der Ost-West Achse, mit positiver Orientierung nach Osten. Z entspricht der senkrecht auf der Erdoberfläche Achse, mit positiver Orientierung Richtung Erdmittelpunkt.

Da das geoelektrische Feld ausschließlich auf der Erdoberfläche berechnet wird, kann die Z-Komponente des magnetischen Feldes ignoriert und das magnetische Feld als ebene Welle betrachtet werden.

Wie in Abschnitt 6.2.1 und Formel (6-6) beschrieben stellt der komplexe Wellenwiderstand eines Mediums den Zusammenhang zwischen elektrischem und magnetischem Feld im Frequenzbereich dar. Formel (6-2) beschreibt den Wellenwiderstand in seiner allgemeinen Form. Für die Berechnung von GIC-Strömen kann dieser zu Formel (6-7) vereinfacht werden. Grund dafür ist die Betrachtung sehr niedriger Frequenzen und die Permittivitätszahl der Erde von $\varepsilon_r \approx 1$. Dadurch wird die elektrische Leitfähigkeit die maßgebliche Größe im Nenner.

$$Z_w(\omega) = \frac{E(\omega)}{H(\omega)} = \frac{E(\omega) \cdot \mu}{B(\omega)} \qquad (6\text{-}6)$$

$$Z_w(\omega) = \sqrt{\frac{j\omega\mu_0}{\sigma}} \quad \text{wenn} \quad \sigma \gg j\omega\varepsilon \qquad (6\text{-}7)$$

Bedingt durch das Induktionsgesetz (2-1) bilden sich die X- und Y-Komponenten des geoelektrischen Feldes nach den Formeln (6-8) und (6-9) aus dem magnetischen Feld. Die Zuordnung der X- und Y-Komponenten ergibt sich aus der Rotation des elektrischen Feldes, welche proportional zur Änderung des Magnetfeldes ist.

$$E_X(\omega) = Z_w(\omega) \cdot H_Y(\omega) = Z_w(\omega) \cdot \frac{B_Y(\omega)}{\mu_0} \qquad (6\text{-}8)$$

$$E_Y(\omega) = -Z_w(\omega) \cdot H_X(\omega) = -Z_w(\omega) \cdot \frac{B_X(\omega)}{\mu_0} \qquad (6\text{-}9)$$

Effektive Erdimpedanz

Die in Formel (6-2) eingeführte und Formel (6-7) vereinfachte Definition des Wellenwiderstandes in einem Medium gilt für homogene und isotrope Medien. Aufgrund der unterschiedlichen Beschaffenheit der Erdkruste kann die Leitfähigkeit der Erde jedoch nicht als homogen betrachtet werden.

Für eine realistische Berechnung ist daher ein Leitfähigkeitsmodell der Erde notwendig. Dieses Modell muss speziell nach dem jeweiligen Aufbau der Erdkruste an der zu betrachtenden Stelle aufgebaut sein. Einfache Modelle bilden dabei nur eine Dimension in Z-Richtung ab [40]. In dieser Untersuchung wird das dreidimensionale weltweite Modell *Global Conductivity* [41] verwendet.

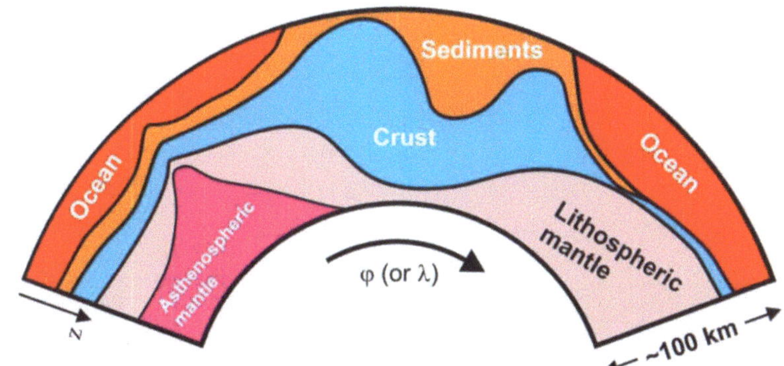

Abbildung 6-8: Schematische Darstellung der Erdkruste aus unterschiedlich leitfähigen Schichten [41]

Das Modell versucht die elektrische Leitfähigkeit der gesamten Erdkruste bis in eine Tiefe von **100 *km*** nachzubilden. Für die Diskretisierung werden Längen- und Breitengrade in jeweils **0,25°** Schritte unterteilt. Die Tiefe von **100 *km*** wird in 1000 Schichten zu je **100 *m*** unterteilt. Die sich daraus ergebende diskrete Leitfähigkeitsmatrix besteht aus **1440 × 720 × 1000** Einträgen. Die Auflösung dieser Rasterung variiert durch die Erdkrümmung in Abhängigkeit der geographischen Breite. Am Äquator entspricht ein Raster einer Fläche von ca. 28 x 28 km. In Deutschland, bei einem Breitengrad von 48°, entspricht ein Raster ca. 19 x 28 km. Abbildung 6-8 veranschaulicht, wie sich verschiedene Schichten in unserer Erdkruste überlappen und sich dadurch an jeder Stelle eine individuelle Kombination aus verschiedenen Leitfähigkeiten ergibt.

Durch eine Änderung der Leitfähigkeit ändert sich auch der Wellenwiderstand zwischen unterschiedlichen Schichten. An den so entstehenden Grenzschichten unterschiedlicher Leitfähigkeit kommt es beim Auftreffen Elektromagnetischer Wellen zu Reflexion und Brechung. Ein Teil der Welle dringt dabei weiter in die nächste Erdschicht vor. Der übrige Wellenanteil wird reflektiert und bewegt sich entsprechend rückwärts wieder Richtung Erdoberfläche. Abbildung 6-9 veranschaulicht das Verhalten. Die Elektromagnetische Welle trifft auf die Erdoberfläche und dringt anschließend in die oberste Erdschicht (oberste Lage) ein. Durch den sich jeweils ändernden Wellenwiderstand der Lagen kommt es an den Übergängen zu Reflexionen und Brechungen der Welle.

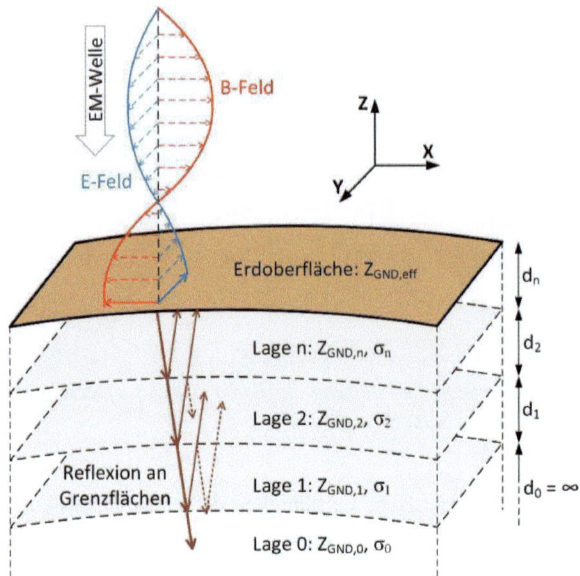

Abbildung 6-9: Mehrlagiges Leitfähigkeitsmodell der Erde mit dargestellter Reflexion an Übergängen zwischen den Lagen

Um nicht alle Reflexions- und Ausbreitungseffekte zwischen den Lagen einzeln betrachten zu müssen, wird ein effektiver Wellenwiderstand der Erde berechnet. Dieser wird nachfolgend als effektive Erdimpedanz $Z_{GD,eff}$ bezeichnet.

Bei der Berechnung wird ausgehend von der zweituntersten Lage $n = 1$ des Leitfähigkeitsmodells die effektive Erdimpedanz iterativ für jede darüber liegende Schicht berechnet. Die effektive Erdimpedanz der obersten Lage entspricht dann der effektiven Erdimpedanz der gesamten darunterliegenden Erdkruste. Die effektive Erdimpedanz der untersten Lage entspricht dabei direkt der mit Formel (6-14) berechneten Erdimpedanz, da diese Lage als unendlich dick betrachtet wird und es zu keiner Reflexion an deren Ende kommt.

$$Z_{eff,n}(\omega) = \frac{1 + \alpha_n}{1 - \alpha_n} \cdot Z_{GND,n}(\omega) \qquad\qquad (6\text{-}10)$$

$$\alpha_n(\omega) = r_n(\omega) \cdot e^{-\gamma_n(\omega) \cdot 2 \cdot d_n} \qquad\qquad (6\text{-}11)$$

$$r_n(\omega) = \frac{Z_{eff,n-1}(\omega) - Z_{GND,n}(\omega)}{Z_{eff,n-1}(\omega) + Z_{GND,n}(\omega)} \qquad (6\text{-}12)$$

$$\gamma_n(\omega) = \sqrt{j\omega\mu\sigma_n} \qquad (6\text{-}13)$$

$$Z_{GND,n}(\omega) = \sqrt{\frac{j\omega\mu_0}{\sigma_n}} \qquad (6\text{-}14)$$

Mit: $\quad Z_{eff,0}(\omega) = Z_{GND,0}(\omega)$

γ_n Fortpflanzungskonstante innerhalb Lage n

r_n Reflexionsfaktor zwischen Lage n und $n-1$

α_n Reflexionsfaktor bezogen auf obere Seite der Lage n

Zentraler Punkt der Berechnung der effektiven Erdimpedanz bildet die Verschiebung des Reflexionsfaktors $r_n(\omega)$ zischen zwei Schichten auf die Oberseite der oberen Schicht. Der so entstehende bezogene Reflexionsfaktor $\alpha_n(\omega)$ beinhaltet durch die Fortpflanzungskonstante $\gamma_n(\omega)$ die Dämpfung und Verzerrung, die eine Welle in der Schicht n erfährt. Durch die doppelte Schichtdicke sind diese sowohl für die eigentliche Welle als auch für die reflektierten Anteile berücksichtigt.

Abbildung 6-10 zeigt beispielhaft den Betrag der frequenzabhängigen effektiven Erdimpedanz für Stuttgart. Für $f = 0\,Hz$ beträgt die Erdimpedanz $0\,\Omega$. Dies spiegelt das Induktionsgesetz wider, nach dem ein magnetisches Gleichfeld kein elektrisches Feld hervorruft.

Interpolation des Magnetfeldes
Das magnetische Feld bzw. dessen Änderung ist auf der Erde nicht homogen. Die in den Observatorien [39] gemessenen Daten entsprechen daher nur der dortigen lokalen Feldstärke. Um bei der GIC-Berechnung zwischen zwei Observatorien bessere Ergebnisse zu erhalten werden die Messdaten der Observatorien interpoliert.

Die Interpolation wird diskret auf dem Gitter, welches durch das Leitfähigkeitsmodell definiert ist, berechnet. Das Rastermaß aus dem Leitfähigkeitsmodell mit $0{,}25°$ ergibt in Deutschland durch die Krümmung der Kugelkoordinaten ca. $17\,km$ in Ost-West und $28\,km$ in Nord-Süd Richtung.

Für jedes Gitterelement wird für jedes Observatorium ein *Factor Per Observatory* (FPO) berechnet, welcher angibt mit welchem Anteil das jeweilige Observatorium in das Gitterelement eingeht. Die Definition des FPO (6-16) wurde so gewählt, dass der Einfluss mit der Entfernung quadratisch abnimmt, was dem Verhalten elektromagnetischer Wellen im dreidimensionalen Raum entspricht.

$$B_{ij} = \sum_{k=1}^{4} B_k \cdot FPO_{ij,k} \qquad\qquad (6\text{-}15)$$

$$FPO_{ij,k} = \frac{1}{\sum_{l=1}^{4}\left(\dfrac{airDist_{ij,k}}{airDist_{ij,l}}\right)^2} \qquad\qquad (6\text{-}16)$$

$$\sum_{k=1}^{4} FPO_{ij,k} = 1 \qquad\qquad (6\text{-}17)$$

Mit:	k und l	Index der Observatorien	
	$airDist$	Entfernung zwischen Interpolationspunkt und Observatorium	m
	FPO	Gewichtung des jeweiligen Observatoriums engl.: Factor Per Observatory	

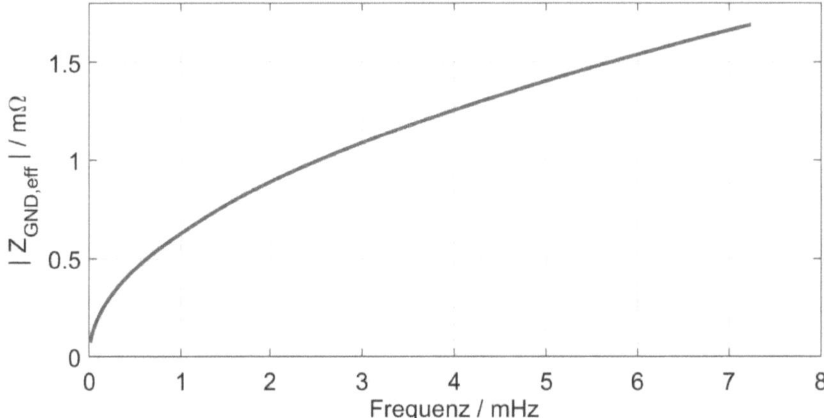

Abbildung 6-10: Betrag der effektiven Erdimpedanz in Anhängigkeit der Frequenz beispielhaft für Stuttgart

Die Summe aller FPOs eines Gitterelements beträgt per Definition immer eins (6-17). Dadurch wird sichergestellt, dass es keine Feldabschwächung aufgrund der Entfernung zu Observatorien kommt. Durch die Superposition der jeweiligen Feldanteile der Observatorien ergibt sich die interpolierte Feldstärke der Gitterelemente (6-15).

Abbildung 6 11 zeigt die deutsche Grenze und die vier Observatorien, welche für die Interpolation der Magnetfelddaten herangezogen wurden. Aufgrund des großen Gleichanteils der magnetischen Flussdichte in allen Observatorien ist der Interpolationseffekt bei der magnetischen Flussdichte nicht sichtbar. Um die Interpolation sichtbar darstellen zu können, wird in Abbildung 6-11 die Änderung der magnetischen Flussdichte in den Observatorien und im dazwischen interpolierten Gitter dargestellt. Dabei ist gut zu sehen, dass sich das interpolierte Vektorfeld den Vektoren der Observatorien angleicht je näher es diesen ist.

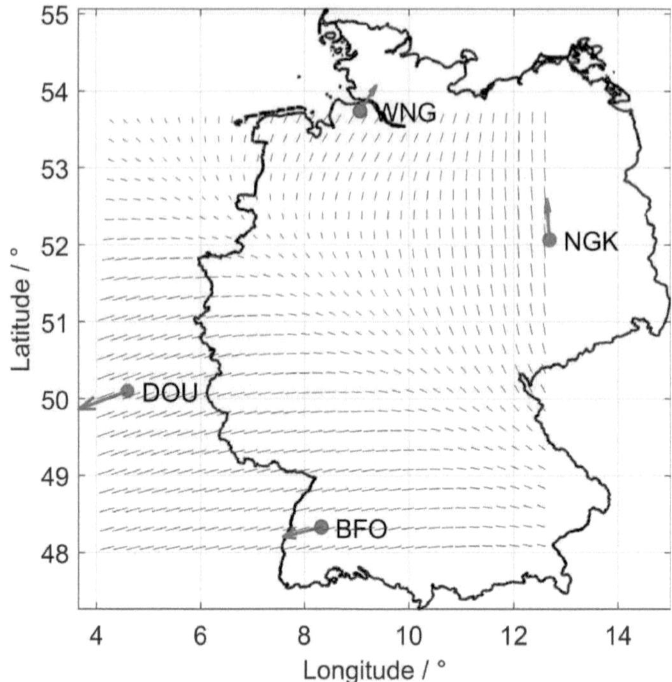

Abbildung 6-11:Gemessene Änderung der Magnetischen Flussdichte in den Observatorien und deren interpoliertes Vektorfeld

6.3.2   GIC-Ströme in deutschem Netzausschnitt

Für die Berechnung der GIC-Ströme in einem Übertragungsnetz werden neben den Geoinformationen (den Standorten) von Umspannwerken mit geerdeten Transformatoren auch die ohm'schen Widerstände aller in der GIC-Leiterschleife vorkommenden Komponenten benötigt. In Anhang 8.2 sind allen Stationen und Leitungen mit den für die Berechnung verwendeten Informationen aufgelistet. Wie in Abbildung 6-14 dargestellt, bestehen diese aus dem Erdungswiderstand der jeweiligen Station, den Wicklungswiderständen der Transformatoren sowie den Widerständen der Leitungen. Da bei der GIC-Berechnung nur ein einphasiges Ersatzschaltbild verwendet wird, müssen Transformator- und Leitungswiderstände evtl. in ihre einphasigen Ersatzwiderstände für eine Parallelschaltung der drei Phasen umgerechnet werden. Sollte statt des absoluten Leitungswiderstandes nur der Leitungstyp mit Widerstandsbelag R' und die Länge der Leitung bekannt sein, kann der Widerstand daraus errechnet werden.

Bei der Berechnung der GIC-Ströme wird für jede Leitung eine GIC-Spannung U_{GIC} berechnet. Diese ergibt sich durch die Integration des geoelektrischen Feldes zwischen Start und Ende der Leitung (6-19). Durch die Diskretisierung des geoelektrischen Feldes setzt sich die GIC-Spannung pro Leitung aus mehreren Teilspannungen (6-18) zusammen, wenn die Leitung mehrere Gitterelemente der Diskretisierung überspannt. Abbildung 6-12 veranschaulicht die Aufteilung einer Leitung zwischen den Stationen Hanekenfähr (HKF) und Westerkappeln (WKP). Für jedes Leitungselement wird das darunterliegende geoelektrische Feld (grünes Vektorfeld) integriert.

$$U_{GIC} = \sum_i U_{GIC,i} \qquad\qquad (6\text{-}18)$$

$$U_{GIC,i} = E_{X,i} \cdot \Delta X_i + E_{Y,i} \cdot \Delta Y_i \qquad\qquad (6\text{-}19)$$

Mit:

$U_{GIC,i}$	GIC Spannung je Gitterelement	V
$E_{X,i}$ $E_{Y,i}$	Geoelektrisches Feld je Gitterelement in X- und Y-Richtung	$\dfrac{V}{m}$
ΔX_i ΔY_i	Effektive Entfernungen je Gitterelement	m

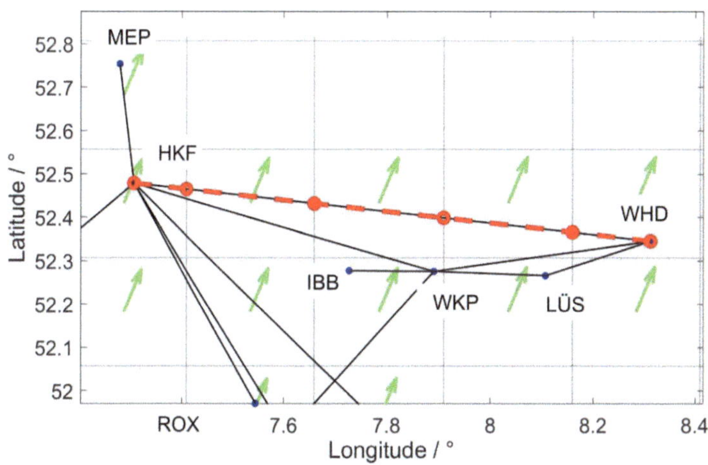

Abbildung 6-12: Unterteilung der Leitung HKF-WHD in 0,25° Abschnitte entsprechend dem diskreten Gitter des geoelektrichen Feldes grüne Pfeile: Vektorfeld des geoelektrischen Feldes

Berechnung des elektrischen Netzwerks

Die GIC-Ströme in den Transformatorsternpunkten ergeben sich durch die Berechnung des ohm'schen Netzmodells. Diese kann entweder analytisch durch die Erstellung einer entsprechenden Admittanzmatrix oder durch die Simulation des Netzwerkes durchgeführt werden. Abbildung 6-14 zeigt die relevanten Widerstände für eine Masche zwischen 2 Stationen. Für jede Station mit geerdetem Sternpunkt wird ein Transformatorwiderstand und ein Erdungswiderstand benötigt. Diese bilden die Querelemente des Netzes. Die Leitungswiderstände bilden die Längselemente und verbinden die Stationen. Die durch die Formel (6-18) berechnete GIC-Spannung erzeugt dann einen Maschenstrom, welcher zwischen den Stationen entsteht. Durch die Superposition aller Maschenströme, welche sich durch die angeschlossenen Leitungen ergeben, ergibt sich der tatsächliche GIC-Strom je Station.

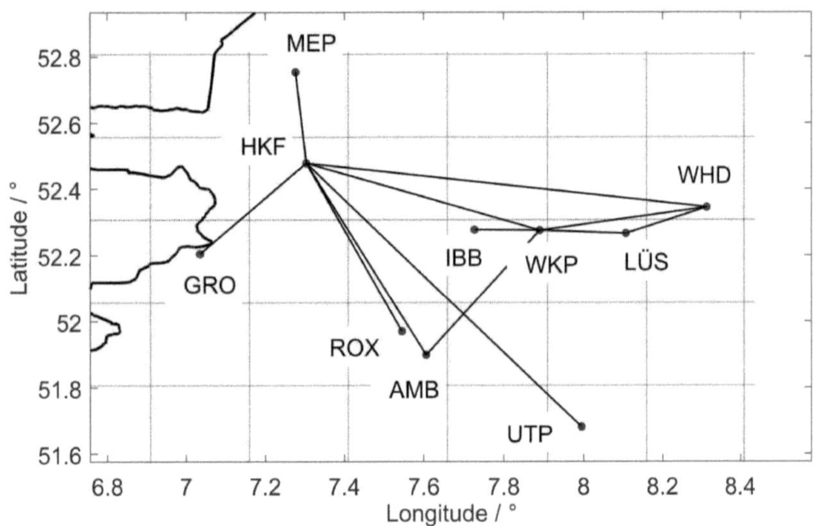

Abbildung 6-13: Untersuchter Netzausschnitt des deutschen Übertragungsnetzes Freileitungen werden als Luftlinien zwischen Umspannwerken dargestellt

Für die Berechnung der GIC-Ströme im untersuchten Netzausschnitt wird das Netzwerk in ein MATLAB Simulink Simscape Modell überführt. Die Spannungsquellen der jeweiligen Leitungen werden dabei mit den Zeitreihen der jeweiligen GIC-Spannungen verknüpft.

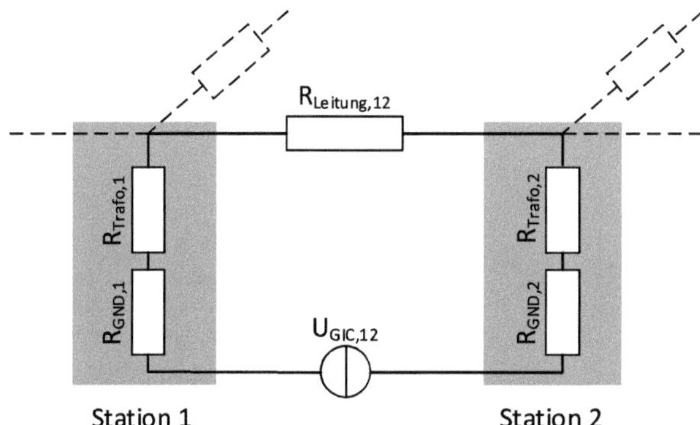

Abbildung 6-14: Ohm'sches Netzmodell mit zwei Stationen zur GIC Berechnung

Da in einem Transformator bzw. einer Station mehrere Leitungen mit GIC-Strömen zusammenkommen, kann für diese nur ein gültiger GIC-Strom berechnet werden, wenn alle angeschlossenen Leitungen bis zum nächsten geerdeten Transformator modelliert werden. Ausgenommen werden können Stichleitungen, die keinen geerdeten Transformator an ihrem Ende haben.

Für den untersuchten Netzausschnitt (Abbildung 6-13) trifft diese Bedingung für die Stationen Hanekenfähr (HKF) und Westerkappeln (WKP) zu. Alle anderen Stationen dienen ausschließlich dazu, diese beiden Stationen vollständig zu modellieren.

6.3.3   Validierung anhand gemessener DC-Ströme

Um die berechneten GIC-Ströme validieren zu können, werden diese mit gemessenen Gleichströmen eines Transformators in Westerkappeln verglichen. Die Station Westerkappeln ist im betrachteten Netzabschnitt mit allen angeschlossenen Freileitungen modelliert. Dadurch ist die zuvor definierte Bedingung erfüllt, dass für ein realistisches Ergebnis alle angeschlossenen Leitungen berücksichtigt werden müssen. Abbildung 6-15 zeigt den direkten Vergleich zwischen gemessenem Gleichstrom und simuliertem GIC-Strom.

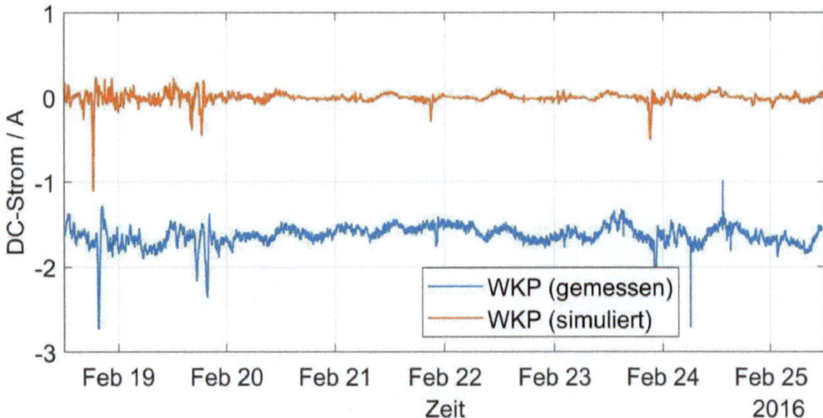

Abbildung 6-15: Im Transformatorsternpunkt gemessene Gleichströme und simulierte GIC-Ströme in Westerkappeln (WKP)

Auffallend ist, dass die Differenz zwischen simuliertem und gemessenem Gleichstrom dauerhaft um die $-1,5\,A$ beträgt. Grund hierfür ist eine zusätzliche unbekannte Gleichstromquelle in Westerkappeln, welche nicht auf GIC zurückzuführen ist.

In allen nachfolgenden Abbildungen wird der gemessene Gleichstrom ohne diesen Offset dargestellt und als WKP_{AC} bezeichnet. Zusätzlich wird der Zeitstempel der gemessenen Daten um wenige Minuten, anhand markanter Positionen, korrigiert. Abbildung 6-16 zeigt den um den Offset bereinigten Vergleich. Die Bereiche D1 bis D4 werden in Abbildung 6-17 bzw. im Kapitel 8.3 nochmals detaillierter dargestellt.

Beim direkten Vergleich zeigt sich, dass Messung und Simulation oft sehr gut übereinstimmen. Vor allem schnelle Vorgänge, wie in Abbildung 6-17 gezeigt, werden hinsichtlich Amplitude und Verlauf sehr gut nachgebildet.

Bei langsameren Vorgängen kommt es zum Teil jedoch zu Abweichungen zwischen Messung und Simulation. Grund hierfür könnte die unbekannte Gleichstromquelle sein, welche nicht konstant ist, sondern in ihrer Intensität variiert, für den Vergleich und die entsprechende Korrektur jedoch als konstant angenommen wurde. Die genaue Ursache für die Abweichung kann hier nicht ermittelt werden. Im einfachsten Fall müssten zusätzliche Gleichstromquellen während einer Messung identifiziert und abschaltet werden. Dies war im hier untersuchten Fall jedoch nicht möglich. Ein Beispiel für eine erfolgreiche Identifikation einer DC-Quelle wird in dieser Veröffentlichung gezeigt [42]. In diesem konkreten Fall konnte ein kathodischer Korrosionsschutz in den direkten

Zusammenhang mit den DC-Strömen durch einen Transformatorsternpunkt gebracht werden.

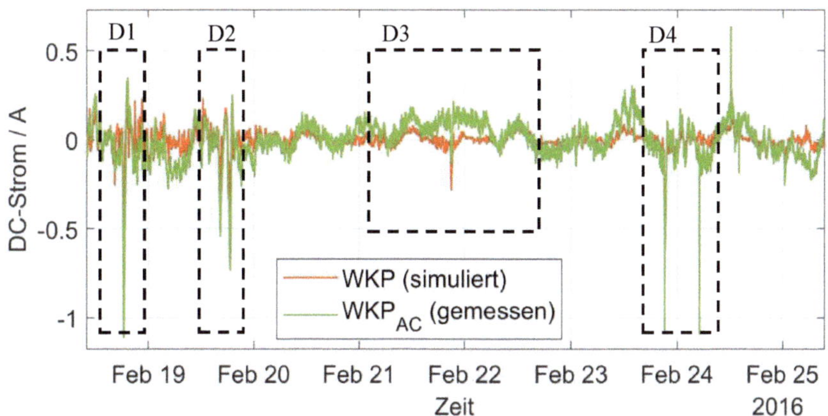

Abbildung 6-16: Vergleich gemessener (offsetbereinigter) Gleichstrom mit simuliertem GIC-Strom. Detail D1 siehe Abbildung 6-17. Die Details D2 bis D4 sind im Anhang Kapitel 8.3 abgebildet.

Das Detail D2 im Anhang Kapitel 8.3 zeigt ein weiteres Beispiel für eine sehr gute Übereinstimmung zwischen gemessenem und simuliertem Strom. In Detail D3 (Anhang Kapitel 8.3) ist sowohl die bereits erwähnte Abweichung als auch die gute Übereinstimmung bei schnellen Vorgängen zu erkennen. Das Details D4 zeigt eine gute Übereinstimmung bei schnellen Vorgängen. Zusätzlich sind hier zwei offensichtliche Messfehler zu sehen.

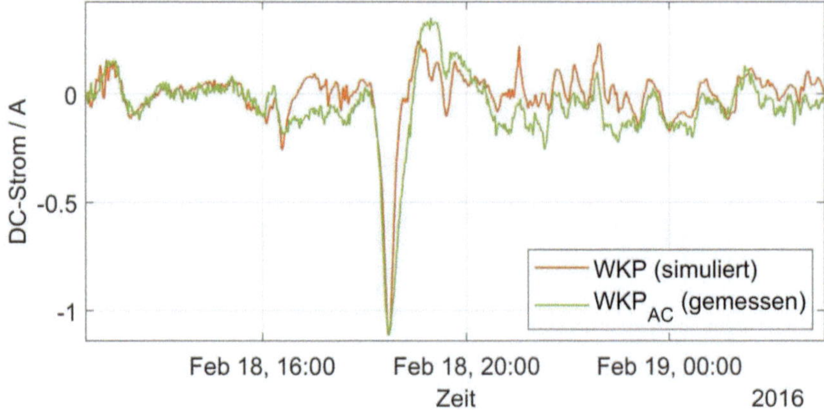

Abbildung 6-17:Detailabbildung D1 eines GIC-Events mit gemessenem und simuliertem GIC-Strom für Umspannwerk Westerkappeln

6.3.4   Worst Case Abschätzung

Um den maximal zu erwartenden GIC-Strom abschätzen zu können, wird nachfolgend der GIC-Strom für Westerkappeln und Hanekenfähr anhand eines sehr starken geomagnetischen Sturmes berechnet. Ein solches Event ereignete sich im Oktober 2003. Die damals aufgezeichneten Änderungen der magnetischen Flussdichte waren die stärksten jemals gemessenen und entsprachen der Kategorie G5 bzw. einem K_p-Index von $K_P \geq 9$. Das Event soll eine vergleichbare Intensität wie das Carrington-Event aus dem Jahre 1859 haben. Aufgrund dieser großen und einmaligen Intensität eignet es sich sehr gut als Datengrundlage für eine Worst-Case Abschätzung.

Da für den entsprechenden Zeitraum keine Messdaten des *Black Forest Observatoriums* (BFO) verfügbar waren, wird das Magnetfeld für die Berechnung der Erdimpedanz nur zwischen den Stationen Wingst, Niemegk und Dourbes interpoliert.

Abbildung 6-18 zeigt die berechneten GIC-Ströme für die geomagnetischen Stürme vom 29. − 31. Oktober 2003 in den Stationen Hanekenfähr und Westerkappeln. Die maximale Amplitude beträgt in Hanekenfähr ca. $\hat{I}_{GIC} = 30\,A$. Abbildung 6-19 zeigt detailliert die maximale Amplitude des GIC-Stroms. Die Markierungen der einzelnen Samples zeigt, dass die Signalform bei diesem starken Ereignis nicht sehr gut abgebildet werden kann. Das tatsächliche Maximum innerhalb dieser 1 Minuten Abtastung könnte also noch größer sein. Für eine genauere Abbildung müssten hierfür jedoch Magnetfeldmessdaten mit einer kleineren zeitlichen Auflösung verfügbar sein.

Die in den Grundlagen beschriebene Zunahme der (Leerlauf-) Scheinleistung kann anhand von Vergleichsmessungen an ähnlichen Transformatoren abgeschätzt werden. Bei der Untersuchung des DC-Einflusses auf Transformatoren wurde bei einem vergleichbaren 5-Schenkeltransformator eine Zunahme der Leerlauf-Scheinleistung von

$$\Delta S' = 300\,\frac{kVA}{A_{DC}}$$

festgestellt. Mit dem berechneten GIC-Spitzenstrom $I_{GIC,max} = 30\,A$ ergibt sich so eine kurzzeitige zusätzliche Scheinleistung von $9\,MVA$.

$$\Delta S = \Delta S' \cdot I_{GIC,max} = 300\,\frac{kVA}{A_{DC}} \cdot 30\,A = 9\,MVA$$

Diese Scheinleistung muss für kurze Zeit zusätzlich vom Netz bereitgestellt werden und darf nicht zur Überlastung von Netzkomponenten führen. Bei einer Risikoabschätzung muss zudem beachtet werden, dass sich die zusätzlichen Scheinleistungen mehrerer Transformatoren akkumulieren, wenn der Lastfluss diese entsprechend verbindet. Diese Untersuchung kann jedoch nur durch Betrachtung eines großen Netzausschnittes und einer entsprechenden Lastflussrechnung durchgeführt werden.

Zusätzlich zu dem hier genannten GIC-Strom und Scheinleistungsbedarf kann noch ein beliebiger zusätzlicher Multiplikator als Sicherheitsfaktor hinzugerechnet werden, um eine Reserve für noch stärkere geomagnetische Stürme zu haben.

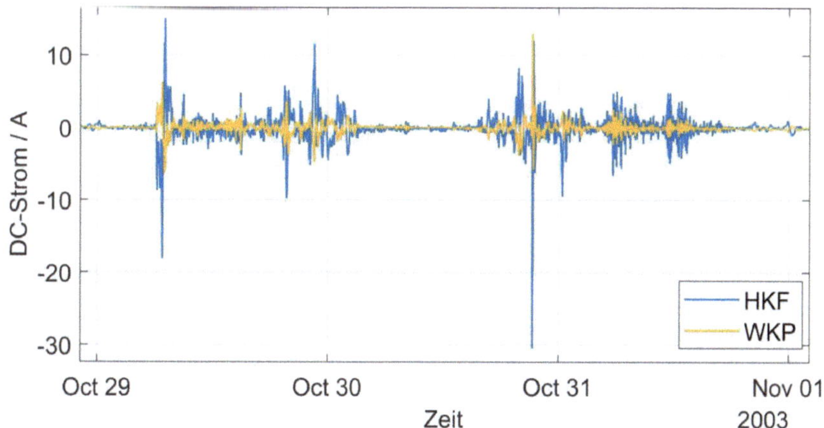

Abbildung 6-18: Berechnete Worst Case GIC-Ströme für Hanekenfähr und Westerkappeln

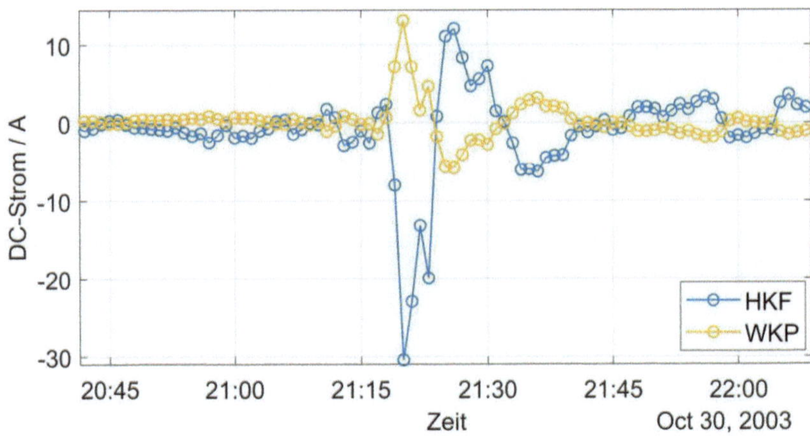

Abbildung 6-19: Detailbetrachtung des simulierten maximalen GIC-Stroms am 30.10.2003

GIC-Ströme auf langen Punkt zu Punkt Verbindungen

Im Zuge der Worst Case Untersuchung werden nachfolgend die GIC-Ströme dargestellt, die für eine **300 *km*** lange Punkt zu Punkt Verbindung berechnet wurden. Die Leitung wurde dabei sowohl für ein Azimut von 0° und 90° angeordnet. Abbildung 6-20 zeigt links die Positionierung innerhalb der deutschen Grenze. Abbildung 6-20 rechts zeigt die simulierten GIC-Ströme.

Für die Leitungen wurden die Parameter nach Tabelle 6-3 verwendet. Es ist deutlich zu sehen, dass für den besagten geomagnetischen Sturm im Oktober 2003 in der vertikalen Leitung zwischen den Stationen STA1 und STA2 ein deutlich größerer GIC-Strom mit $I_{GIC,max} = 226\ A$ aufgetreten wäre. Die maximale Amplitude in der horizontalen Leitung beträgt **47 *A***.

Eine entsprechend lange Punkt-zu-Punkt Leitung entspricht z.B. einer HGÜ-Leitung, wie sie aktuell in Deutschland von Nord nach Süd gebaut werden. Der Gleichstrom durch GIC auf einer HGÜ-Leitung führt zwar nicht zu Sättigungseffekten in Transformatoren, jedoch könnte der zusätzliche Gleichstrom zu falschen Leistungsberechnungen führen.

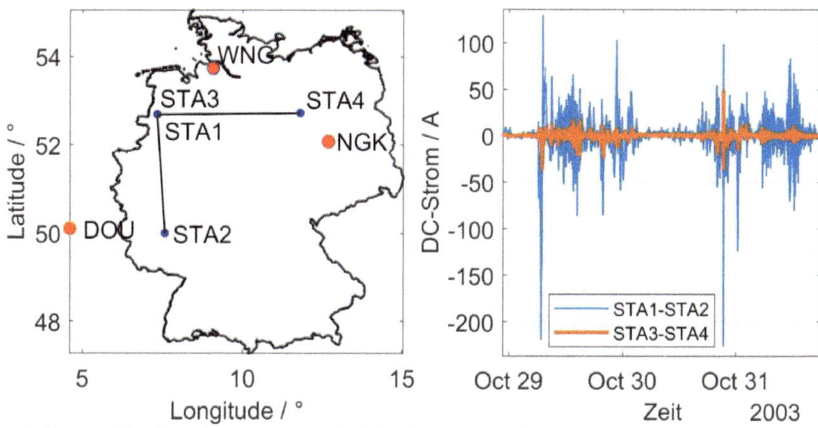

Abbildung 6-20:Simulation zweier 300 km langen Punkt zu Punkt Verbindungen in
horizontaler und vertikaler Ausrichtung
links: Geografische Positionierung der Leitungen
rechts: Berechnete GIC-Ströme auf den Leitungen

Tabelle 6-3: Parameter für 300 km Punkt zu Punkt Leitungen

Widerstand	1,65 Ω
Transformatorwiderstand	0,125 Ω
Erdungswiderstand der Stationen	0,1 Ω

Für den Betrieb von HGÜ-Leitungen sollte daher weiter untersucht werden, ob GIC-Ströme wie hier angenommen überhaupt auftreten können, denn je nach Aufbau der Konvertereinheiten kann es sein, dass sich keine Leiterschleife über das Erdreich bildet und es dadurch auch zu keinem GIC-Strom kommt. Dennoch können z.B. über geerdete Schirmungen oder Erdungsseile die simulierten GIC-Ströme fließen.

7   Zusammenfassung und Ausblick

Gleichströme in induktiven Betriebsmitteln sind eine parasitäre Störgröße, die teilweise deutliche Auswirkungen auf das Betriebsmittel haben können. Die Ursachen für Gleichströme in Übertragungsnetzen können einen natürlichen Ursprung, wie GIC, oder durch die Beeinflussung von anderen technischen Anlagen entstehen, z.B. Gleichstrom Bahnanlagen oder HGÜ-Anlagen. Während GIC-Ströme eine großflächige Beeinflussung zur Folge haben, ist die Beeinflussung durch technische Anlagen eher auf lokale Abschnitte innerhalb des Übertragungsnetzes beschränkt. Auch hinsichtlich der Intensität und Dauer unterscheiden sich die Ursachen. Diese Aspekte sind bei der Beurteilung bzw. Risikoanalyse aber auch bei der Suche und Identifizierung von Gleichstromursachen hilfreich.

Ebenso unterschiedlich wie die Ursachen für Gleichströme sind deren Auswirkungen auf die jeweiligen induktiven Betriebsmittel. Es kann daher keine pauschale Aussage über die Beeinflussung durch Gleichstrom gemacht werden.

Mithilfe des transienten Simulationsmodells wurde gezeigt, dass es möglich ist, die Eigenschaften eines Eisenkerns hinsichtlich Hysterese, Sättigung und Gleichstrombeeinflussung auch simulativ nachbilden zu können. Die auf dem Jiles-Atherton-Modell basierende Reluktanz ermöglicht es die Topologie von beliebigen induktiven Komponenten und Betriebsmitteln nachzubilden. Durch die Simscape Umgebung ist gewährleistet, dass nur physikalisch korrekte Modelle gebildet werden können.

Der größte Nachteil bei der Simulation mit Simscape ist die mangelnde Stabilität. Es konnte in dieser Arbeit kein sinnvoller Kompromiss zwischen Simulationsgeschwindigkeit und Genauigkeit bzw. Stabilität gefunden werden. Dies ist auch der Zentrale Anknüpfungspunkt. Sobald eine stabile Simulationsumgebung (bei akzeptabler Geschwindigkeit) entwickelt wird, können damit sehr einfach auch komplexere Transformatoren, Spulen, … zuverlässig modelliert und hinsichtlich ihres DC-Verhaltens untersucht werden.

Eine weitere Schwierigkeit ist die Ermittlung der Parameter für das Jiles-Atherton Modell. Es gibt viele Studien und Untersuchungen zur Ermittlung der Parameter, jedoch beziehen sich diese immer entweder auf eine gemessene BH-Hysterese oder auf eine einfache Spule. Die Entwicklung der Parameter aus einem bestehenden und nur durch das Typenschild beschriebenen Transformators, wäre ein weiterer Schritt, um auch bestehende Transformatoren hinsichtlich ihres DC-Verhaltens charakterisieren zu können. Es hat sich jedoch gezeigt, dass JA-Parameter, welche für den Nennbetrieb ermittelt wurden, das Verhalten bei Gleichstrombeeinflussung nicht ausreichend wiedergeben konnten. Um das korrekte Verhalten durch Gleichstrombeeinflussung abbilden zu können, müssen auch die JA-Parameter für den Zustand der Sättigung ermittelt werden. Die Sättigung kann hierbei auch durch eine Übererregung erreicht werden und muss nicht zwingend durch Gleichstrom erfolgen.

Bei der Simulation und Untersuchung von induktiven Stromwandlern hinsichtlich ihrer Gleichstrombeeinflussung zeigt sich, dass sich auch mit wenigen Informationen (Typenschild) hinsichtlich dem genauen Aufbau ein Simulationsmodell erstellen lässt, dass die prinzipielle Funktionsweise der Wandler abbildet und es nur in einigen Randbereichen (Fehlwinkel) zu Abweichungen kommt. Für eine bessere Validierung des Simulationsmodells wäre es jedoch hilfreich, einen Wandler und dessen Eisenkern im Labor vermessen zu können. Eventuell wäre es dann möglich, das Simulationsmodell so zu korrigieren, dass die Winkelabweichung in der Simulation zu den Vorgaben der Norm und den Messwerten des Wandlers passt.

Bei der Simulation mit Gleichstrombeeinflussung zeigen sich deutliche Unterschiede in den jeweiligen Kernen des Wandlers. Der Messkern hat einen geschlossenen Eisenkern und infolgedessen eine sehr geringe Reluktanz. Der zusätzliche Gleichstrom zeigt hier schon bei kleinen Werten von $0,1\,A$ eine deutliche Auswirkung. Mit einer Übersetzungsmessabweichung von -0,511% bei Nennwechselstrom ist der Grenzwert der Norm hier bereits überschritten. Mit zunehmendem Gleichstrom wird die Übersetzungsmessabweichung dann immer größer, jedoch zeigen gerade kleine Gleichströme eine verhältnismäßig große Beeinflussung.

Bei der Betrachtung der magnetischen Flussdichte im Kern sieht man die Auswirkungen, die ein parasitärer Gleichstrom auf magnetische Netzwerke hat. Bedingt durch den Gleichstrom kommt es zu einer Verschiebung bzw. einem Offset des magnetischen Flusses. Die Zeit, die vergeht, bis sich ein stabiler Zustand gebildet hat, hängt dabei stark von der Größe des Gleichstroms ab. Für kleine Gleichströme dauert die Verschiebung deutlich länger als für große Gleichströme. Dies bedeutet, dass auch ein sehr kleiner Gleichstrom nach einer ausreichend langen Zeit zu einer Beeinflussung des Messwandlers führen wird, sodass dieser die geforderten Grenzwerte für die Übersetzungsmessabweichung und den Fehlwinkel nicht mehr erfüllen kann.

Die Schutzkerne 5PR und TPZ werden mit einem Luftspalt ausgeführt. Dadurch steigt die Reluktanz des magnetischen Netzwerkes stark an. Die Verschiebung des magnetischen Flusses durch den Gleichstrom ist dadurch deutlich kleiner als beim 0,2S Messkern. Erst bei sehr großen Gleichströmen können Beeinflussungen durch Gleichströme erkannt werden. Die untersuchten Parameter blieben hierbei innerhalb der Grenzen, welche die Norm für die jeweiligen Schutzklassen vorgibt. Die Schutzfunktion eines angeschlossenen Schutzgerätes sollte dadurch nicht beeinflusst sein.

Alle Erkenntnisse, die hinsichtlich der Wandlersimulation gemacht wurden, bedürfen noch der Validierung durch reale Messungen. Dies sollte im Idealfall bei einem

Hersteller von Wandlern oder einem akkreditierten Institut erfolgen, um die genauen Messroutinen und Auswertungen zu verwenden, die auch für die eigentlichen Abnahmeprüfungen benutzt werden.

Bei der Identifizierung von Gleichstromquellen in Übertragungsnetzen ist es hilfreich, die jeweiligen Eigenschaften der Gleichstromursachen zu kennen. Das hierfür entwickelte und vorgestellte Messgerät ermöglicht es die Gleichströme durch Transformatorsternpunkte zu messen, ohne die Stabilität des Übertragungsnetzes zu gefährden. Je nach technischer Realisierung der Sternpunkterdung kann das Messgerät sogar im laufenden Betrieb des Transformators installiert werden. Das ermöglicht eine schnelle und unkomplizierte Möglichkeit, um etwaige Gleichströme zu identifizieren und zu messen.

Geomagnetisch induzierten Ströme (GIC) können anhand von öffentlich zugänglichen Messdaten des Erdmagnetfeldes, den geologischen Eigenschaften und der Netzdaten des zu untersuchenden Übertragungsnetzes modelliert werden. Die berechneten Werte zeigen hierbei eine sehr gute Übereinstimmung mit den gemessenen Werten. Da GIC-Ströme zu den stärksten Gleichströmen in Übertragungsnetzen gehören, kann über die Berechnung auch ermittelt werden, wie stark einzelne Knoten bzw. Netzabschnitte durch GIC-Ströme beeinflusst werden. Dies ermöglicht eine gezielte Worst-Case Abschätzung einzelner Knoten bzw. Transformatoren. Ob oder inwiefern diese Beeinflussung einen Einfluss auf die Netzstabilität hat, muss jedoch individuell vom jeweiligen Netzbetreiber untersucht und analysiert werden. Eine pauschale Aussage ist hierzu nicht möglich. Die Untersuchung zeigt aber das mithilfe des Berechnungsmodells alle Voraussetzungen für eine solche Bewertung gegeben sind.

8 Anhang

8.1 Transformator Daten zu Back-to-back DC-Versuch

Elektrische Daten Transformator 1

Nennleistung	350 MVA
Kurzschlussspannung	10,3 %
Spannung 1	380 kV
Spannung 2	110 kV
Spannung 3	30 kV
Leerlaufverluste	93,981 kW
Tap = Stufenschalterstellung	
Windungszahl 1UVWk in Tap 1	937
Windungszahl 1UVWk in Tap 14	807
Windungszahl 1UVWk in Tap 27	677
Windungszahl 2UVWk	242
Windungszahl 3UVWk	105
Widerstand 1Uk	0,37685 Ω
Widerstand 1Vk	0,37709 Ω
Widerstand 1Wk	0,37688 Ω
Widerstand 2Uk	0,027555 Ω
Widerstand 2Vk	0,027667 Ω
Widerstand 2Wk	0,027627 Ω
Widerstand 3Uk-3Vk	0,040235 Ω
Widerstand 3Vk-3Wk	0,040137 Ω
Widerstand 3Wk-3Uk	0,040399 Ω

Elektrische Daten Transformator 2

Nennleistung	350 MVA
Kurzschlussspannung	10,3 %
Spannung 1	380 kV
Spannung 2	110 kV
Spannung 3	30 kV
Leerlaufverluste	97,487 kW
Tap = Stufenschalterstellung	
Windungszahl 1UVWk in Tap 1	937

Windungszahl 1UVWk in Tap 14	807
Windungszahl 1UVWk in Tap 27	677
Windungszahl 2UVWk	242
Windungszahl 3UVWk	105
Widerstand 1Uk	$0,37933\ \Omega$
Widerstand 1Vk	$0,37908\ \Omega$
Widerstand 1Wk	$0,38025\ \Omega$
Widerstand 2Uk	$0,027804\ \Omega$
Widerstand 2Vk	$0,027601\ \Omega$
Widerstand 2Wk	$0,027739\ \Omega$
Widerstand 3Uk-3Vk	$0,040336\ \Omega$
Widerstand 3Vk-3Wk	$0,040245\ \Omega$
Widerstand 3Wk-3Uk	$0,040504\ \Omega$

8.1.1 Diagramme

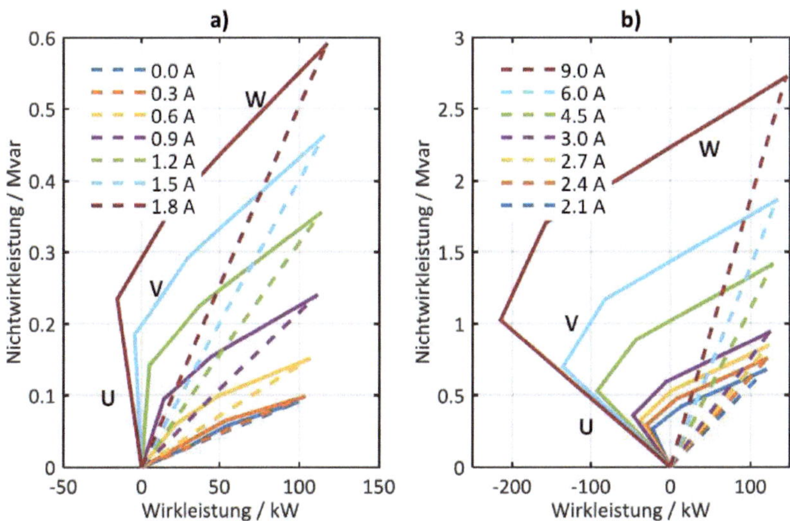

Abbildung 8-1: Vektoriell addierte Leistung für symmetrische Gleichstromverteilung
a) I_{DC} von 0 A bis 1,8 A
b) I_{DC} von 2,1 A bis 9 A

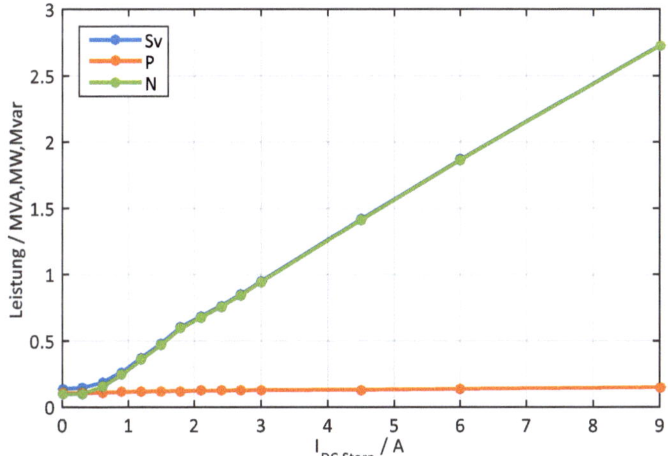

Abbildung 8-2: Schein-, Wirk- und Nichtwirkleistung bei symmetrisch verteiltem
Gleichstrom

8.2   Daten Netzausschnitt für GIC-Berechnung

<u>Umspannwerke:</u>

Name / Ort (Abkürzung)	Latitude / geographische Breite	Longitude / geographische Länge	Erdungs-widerstand	Spartrans-formator
Hanekenfähr (HKF)	52.478284°	7.304247°	0 Ω[*]	Nein
Meppen (MEP)	52.753829°	7.277020°	0.120 Ω	Nein
Westerkappeln (WKP)	52.275746°	7.890397°	0.096 Ω	Nein
Wehrendorf (WHD)	52.345315°	8.312784°	0.021 Ω	Ja
Ibbenbühren (IBB)	52.277430°	7.726650°	0.024 Ω	Nein
Gronau (GRO)	52.205024°	7.034420°	0 Ω[*]	Nein
Roxel (ROX)	51.970572°	7.544807°	0 Ω[*]	Nein
Amelsbüren (AMB)	51.899086°	7.605780°	0 Ω[*]	Nein
Uentrop (UTP)	51.682192°	7.994712°	0 Ω[*]	Nein
Lüstringen (LÜS)	52.266263°	8.106982°	0.023 Ω	Nein

[*] keine Angaben verfügbar

Leitungen:

Von - Nach	Spannungs-ebene	Länge	Entfernung (Luftlinie)	Widerstand
MEP - HKF	380	46.9 km	30.68 km	1.3027 Ω
HKF - WKP	380	60.2 km	45.71 km	1.6490 Ω
HKF - WHD	380	74.3 km	69.97 km	2.0341 Ω
WKP - WHD	220	61.4 km	29.73 km	3.3609 Ω
WHD - WKP	380	61.7 km	29.73 km	1.6904 Ω
WHD - LÜS	220	20.9 km	16.52 km	1.6113 Ω
WHD - LÜS	220	20.9 km	16.52 km	1.6124 Ω
WKP - LÜS	220	18.4 km	14.77 km	0.4921 Ω
WKP - LÜS	220	18.3 km	14.77 km	0.5021 Ω
HKF - WKP	220	76.6 km	45.71 km	5.4728 Ω
HKF - AMB	220	77.5 km	67.59 km	4.3511 Ω
AMB - WKP	220	83.3 km	46.16 km	5.7329 Ω
IBB - WKP	220	13.1 km	11.14 km	1.1805 Ω
GRO - HKF	380	46.3 km	35.48 km	1.3701 Ω
GRO - HKF	220	46.6 km	35.48 km	2.4070 Ω
ROX - HKF	380	70.0 km	58.78 km	2.0617 Ω
HKF - UTP	380	117.8 km	100.29 km	3.3528 Ω

8.3   Detailbetrachtungen Vergleich GIC Berechnung – Messung

Detail D2 aus Abbildung 6-16:

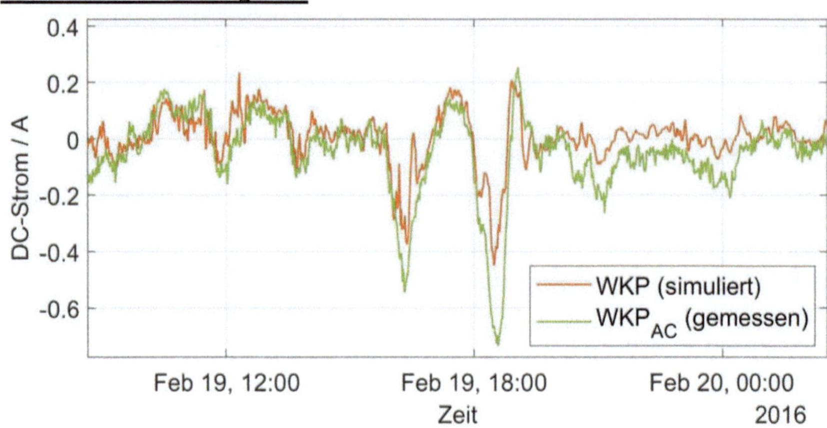

Detail D3 aus Abbildung 6-16:

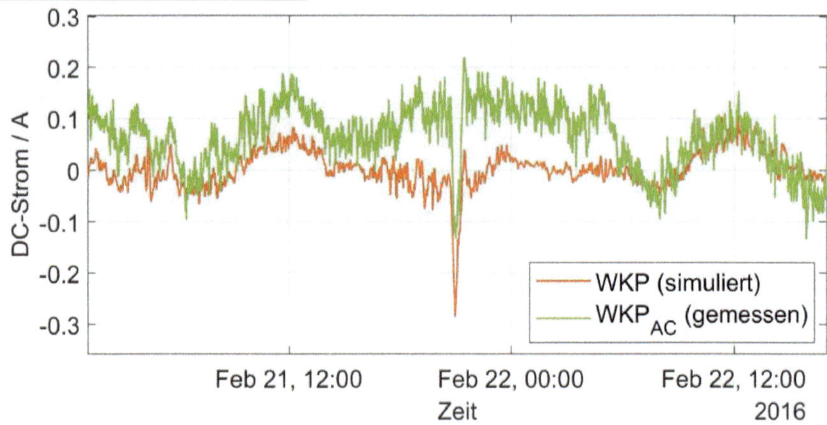

Detail D4 aus Abbildung 6-16:

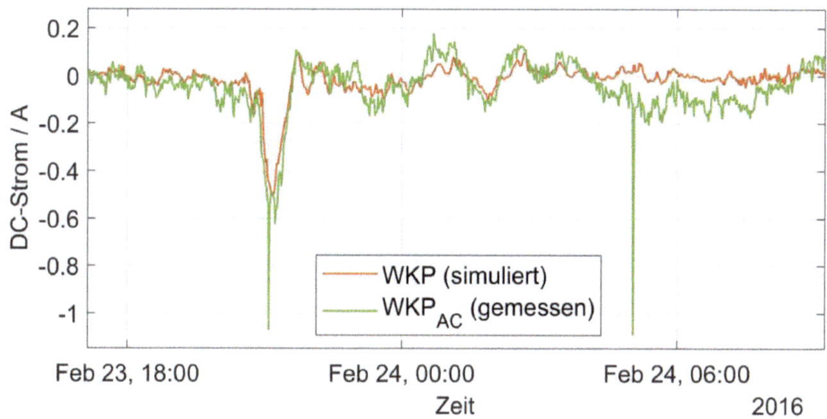

9   Literaturverzeichnis

[1] R. Bailey, T. Halbedl, I. Schattauer, A. Römer, G. Achleitner, C. Beggan, V. Wesztergom, R. Egli und R. Leonhardt, „Modelling geomagnetically induced currents in midlatitude Central Europe using a thin-sheet approach," *Annales Geophysicae 35,* pp. 751-761, 2017.

[2] P. A. Bedrosian und J. J. Love, „Mapping geoelectric fields during magnetic storms: Synthetic analysis of empirical United States impedances," *Geophys. Res. Lett.,* Bd. 170, Nr. 42, p. 160, 2015.

[3] M. Lehtinen und R. J. Pirjola, „Currents produced in earthed conductor networks by geomagnetically-induced electric fields," *Annales Geophysicae,* Nr. 3, pp. 479-484, 1985.

[4] K. Küpfmüller, Einführung in die theoretische Elektrotechnik, Berlin: Springer-Verlag, 1984.

[5] R. Küchler, Die Transformatoren: Grundlagen für ihre Berechnung und Konstruktion, Spinger, 1966.

[6] S. V. Kulkarni, Transformer engineering: design and practice, New York: Marcel Dekker, Inc, 2004.

[7] M. Beltle, Mechanische Schwingungen und Geräusche von Leistungstransformatoren, Stuttgart: BoD – Books on Demand, Norderstedt, 2020.

[8] D. Jiles, Introduction to Magnetism and Magnetic Materials, Boca Raton: CRC Press, 2015.

[9] X. Zhaosuo, K. Yonglin und W. Quanli, „Developments in the production of grain-oriented electrical steel," *Journal of Magnetism and Magnetic Materials,* pp. 3229-3233, 12 July 2008.

[10] Jiles D.C., Atherton D.L., „Feromagnetic hysteresis," *IEEE Transactions on magnetics,* pp. 2183-2185, 5 September 1983.

[11] M. Schühle, „Masterarbeit "Auswirkungen überlagerter Gleichströme und deren phasenbezogene Verteilung auf Leistungstransformatoren",“ Institut für Energieübertragung und Hochspannungstechnik, Universität Stuttgart, 2015.

[12] D. Albert, Analysis of Power Transformers under DC/GIC Bias, Graz: Verlag der Technischen Universität Graz, 2023.

[13] Y. Zhang, J. Wang, X. Sun, B. Bai und D. Xie, „Measurement and Modeling of Anisotropic Magnetostriction Characteristic of Grain-Oriented Silicon Steel Sheet Under DC Bias,“ *IEEE Transactions on Magnetics,* Bd. 50, Nr. 2, pp. 361-364, 2014.

[14] IEEE, „IEEE Standard Definitions for the Measurement of Electric Power Quantities Under Sinusoidal, Nonsinusoidal, Balanced, or Unbalanced Conditions,“ *IEEE Std 1459-2010 (Revision of IEEE Std 1459-2000),* pp. 1-50, 2010.

[15] Siemens AG, „High Voltage Direct Current Transmission,“ 24 11 2017. [Online]. Available: https://www.energy.siemens.com/ru/pool/hq/power-transmission/HVDC/HVDC_Proven_Technology.pdf. [Zugriff am 24 11 2017].

[16] T. Ngnegueu, „Behaviour of transformers under DC/GIC excitation: Phenomenon, Impact on design/design evaluation process and Modelling aspects in support of Design,“ in *Cigré, A2–303,* 2012.

[17] D. A. N. Jacobson, „Development of advanced GIC analysis tools for the Manitoba Power Grid,“ in *Cigré, C4–302,* 2014.

[18] ORQUIN, „Addressing Ground-Induced-Current (GIC) Transformer Protection,“ in *Cigré, A2-110,* 2014.

[19] M. Lahtinen und J. Elovaara, „GIC Occurrences and GIC Test for 400 kV System Transformer,“ *IEEE Transactions on Power Delivery,* Bd. 2, Nr. 10, pp. 555-561, 2002.

[20] Elovaara, Bisiach, Campestrini, Bieth, Ollivier, Lachaume und Meunier, „Geomagnetically induced currents in the Nordic power system and their effects on equipment, control, protection, and operation,“ *CIGRE - Power system technical performance C4,* Bde. %1 von %236-301, p. 10, 1992.

[21] M. Gnädig, „Untersuchung des Transformatorverhaltens bei Gleichstromeinkopplung in Wechselstromübertragungsleitungen," IEH Universität Stutgart, 2013.

[22] B. Sander, „Conversion of AC multi - circuit lines to AC - DC hybrid lines with respect to the environmental impact," in *Cigré, B2-105*, 2014.

[23] „Simscape," MathWorks, 13 12 2023. [Online]. Available: https://de.mathworks.com/products/simscape.html.

[24] Jiles D.C., Atherton D.L., „Theory of ferromagnetic hysteresis," *Journal of Magnetism and Magnetic Materials 61,* pp. 48-60, 1986.

[25] M. Schühle, M. Beltle, S. Tenbohlen und D. Bonmann, „Entwicklung eines Simulationsmodells für Leistungstransformatoren zur Betrachtung magnetischer Flüsse bei Sättigung," in *VDE-Hochspannungstechnik*, Berlin, 2016.

[26] A. Ramesh, D. C. Jiles und J. M. Roderick, „A model of anisotropic anhysteretic magnetization," *EEE Transactions on Magnetics,* Bd. 32, Nr. 5, pp. 4234-4236, 1996.

[27] R. Szewczyk, „Validation of the Anhysteretic Magnetization Model for Soft Magnetic Materials with Perpendicular Anisotropy," *Materials (Basel),* Bd. 7, Nr. 7, pp. 5109-5116, 2014.

[28] U. Sundermann, M. Beltle, M. Schühle und S. Tenbohlen, „Das Verhalten von Leistungstransformatoren bei Beanspruchung mit Gleichströmen," in *Stuttgarter Hochspannungssymposium*, Stuttgart, 2016.

[29] T. Hock-Chuian und W. S. Glenn, „A Novel Method Of Detecting Asymmetrical Transformer Core Saturation Due To GIC," *IEEE Transactions on Power Apparatus and Systems,* pp. 183-189, January 1984.

[30] LEM Europe GmbH, „Datenblatt: IT 65-S - Current Transducer ULTRASTAB," [Online]. Available: https://www.lem.com/sites/default/files/products_datasheets/it_65-s_ultrastab.pdf. [Zugriff am 18 07 2020].

[31] Texas Instruments, „Datenblatt: ADS1256 - Very Low Noise, 24Bit Analog-to-Digital Converter," Texas Instruments Incorporated, 2020.

[32] tyco Elektronics, „Datenblatt: UPW50B20RV - Ultra Precision Wire-Wound Resistors,“ tyco Electronics, 2020.

[33] Parsec vzw, „Sonnenaktivitat - Sonnenzyklus,“ Parsec vzw, [Online]. Available: https://www.spaceweatherlive.com/de/sonnenaktivitat/sonnenzyklus. [Zugriff am 25 07 2020].

[34] D. Pesnell, „Magnetic Arcs,“ NASA, [Online]. Available: https://sdo.gsfc.nasa.gov/gallery/main/item/410. [Zugriff am 10 10 2019].

[35] National Oceanic and Atmospheric Administration, „Space Weather Prediction Center - NOAA Space Weather Scales,“ [Online]. Available: https://www.swpc.noaa.gov/sites/default/files/images/NOAAscales.pdf. [Zugriff am 25 07 2020].

[36] GFZ Helmholz-Zentrum Potzdam, „Planetarische Kennziffern der geomagnetischen Aktivität,“ GFZ Helmholz-Zentrum Potzdam, [Online]. Available: https://www.gfz-potsdam.de/kp-index/. [Zugriff am 10 10 2019].

[37] K. Anna und L. Greg M., „Modified GIC Estimation Using 3-D Earth Conductivity,“ *Space Weather,* May 2020.

[38] M. R. A., P. E. A., W. C. L. und T. M., „Forecasting GIC Activity Associated With Solar Wind Shocks for the Australian Region Power Network,“ *Space Weather,* July 2022.

[39] „Intermagnet,“ 23 07 2019. [Online]. Available: https://intermagnet.github.io/ ; https://www.intermagnet.org.

[40] T. Halbedl, H. Renner, R. L. Bailey, R. Leonhardt und G. Achleitner, „Analysis of the impact of geomagnetic disturbances on the Austrian transmission grid,“ in *IEEE Power Systems Computation Conference (PSCC),* 2016.

[41] D. Alekseev, A. Kuvshinov und N. Palshin, „Global Conductivity,“ P.P Shirshov Institute of Oceanology Russian Academy of Sciences, 2008. [Online]. Available: https://globalconductivity.ocean.ru/project.html. [Zugriff am 01 03 2019].

[42] M. Beltle, M. Schühle, S. Tenbohlen und U. Sundermann, „Betrachtung galvanisch eingekoppelter Gleichströme im Übertragungsnetz und deren Auswirkungen auf Leistungstransformatoren,“ in *VDE-Hochspannungstechnik*, Berlin, 2016.

[43] Küchler R., Die Transformatoren, Heidelberg: Springer, 1966.

[44] Space Weather Prediction Center, „NOAA Space Weather Scales,“ Space Weather Prediction Center, [Online]. Available: https://www.swpc.noaa.gov/noaa-scales-explanation. [Zugriff am 10 10 2019].

[45] R. Pirjola, „On the Current Induced within an Infinitely Long Circular Cylinder (or Wire) by an Electromagnetic Wave,“ *IEEE Transactions on Electromagnetic Compatibility*, Bde. %1 von %2EMC-18, Nr. 4, pp. 190-197, 1976.

[46] R. Pirjola, „On Currents Induced in Power Transmission Systems During Geomagnetic Variations,“ *IEEE Power Engineering Review*, Bde. %1 von %2PER-5, Nr. 10, pp. 42-43, 1985.

[47] D. Boteler, „Geomagnetically Induced Currents: Present Knowledge And Future Research,“ IEEE Transactions on Power Delivery, Vol. 9, No. 1, 1994.